U0229176

高比表面积碳化硅

High Specific Surface Area Silicon Carbide

郭向云 编著

化学工业出版社

·北京·

高比表面积碳化硅是最近十几年来逐渐引起人们重视的一种新材料，具有堆积密度低（约 0.2g/cm³）、比表面积大（>30m²/g）的特性，是一种性能优异的载体材料。本书系统地介绍了高比表面积碳化硅的制备方法，以及高比表面积碳化硅作为载体材料在多相催化、光催化和电催化等领域应用的研究进展。为了让读者更全面地了解高比表面积碳化硅材料，对其在电磁波吸收领域的应用情况也作了一些简单介绍。

本书适合从事多相催化、光催化和电催化研究的科研人员，以及高等院校相关专业的师生阅读。

图书在版编目（CIP）数据

高比表面积碳化硅/郭向云编著 . —北京：化学工业出版社，2019.10
ISBN 978-7-122-34920-0

Ⅰ.①高… Ⅱ.①郭… Ⅲ.①碳化硅纤维-材料制备
Ⅳ.①TQ343

中国版本图书馆 CIP 数据核字（2019）第 151851 号

责任编辑：成荣霞　　　　　　装帧设计：王晓宇
责任校对：宋　玮

出版发行：化学工业出版社（北京市东城区青年湖南街 13 号　邮政编码 100011）
印　　装：中煤（北京）印务有限公司
710mm×1000mm　1/16　印张 11¼　字数 200 千字　2020 年 1 月北京第 1 版第 1 次印刷

购书咨询：010-64518888　售后服务：010-64518899
网　　址：http://www.cip.com.cn
凡购买本书，如有缺损质量问题，本社销售中心负责调换。

定　　价：98.00 元　　　　　　　　　　　　　　版权所有　违者必究

碳化硅是一种常见的工业陶瓷材料，自 1891 年被霍华德·艾奇逊合成出来以后，在磨料、磨具、耐高温陶瓷以及微电子领域得到了广泛的应用。目前，全世界碳化硅的年产量已超过 200 万吨，都是采用改进的艾奇逊法生产出来的。这种方法以河沙、焦炭（或煤）等为原料，通过石墨电极加热到 2500℃以上，氧化硅和碳之间发生反应形成碳化硅。由于反应温度高，得到的产品都是 α-碳化硅，比表面积很低，一般不到 $1m^2/g$。碳化硅具有非常高的机械强度和化学稳定性，而且导电导热性能良好。这些优良的性能，使得它有望成为一种新的催化剂载体材料。然而，碳化硅要想作为催化剂载体得到应用，它的比表面积就必须得到大幅度的提高。

早在 20 世纪 90 年代，国外一些学者就开展了碳化硅作为催化剂载体的研究，也发展出了一些制备高比表面积碳化硅的方法。例如，法国斯特拉斯堡大学 Loudex 教授课题组发明的形状记忆合成法就是一种有效的制备高比表面积碳化硅的方法，可制备比表面积大于 $30m^2/g$ 的 β-碳化硅。国内也有不少学者注意到碳化硅作为催化剂载体的优越性。编著者课题组，从 2000 年开始研究高比表面积碳化硅的制备方法，发明了一种溶胶凝胶结合碳热还原制备碳化硅的方法。这种方法经过初步的工业放大试验后，仍能制备出比表面积大于 $60m^2/g$ 的 β-碳化硅。其后，课题组一直从事高比表面积碳化硅的研究工作，探索了这种材料作为催化剂载体在高温、强放热等反应中的应用，发现碳化硅作为载体不仅可改善催化剂的稳定性，而且催化剂的预处理条件也相对简单。最近几年，人们发现碳化硅用于光催化和电催化时，也表现出了一些特殊的优势。因此，有关碳化硅在热催化、光催化以及电催化方面应用的文献报道越来越多。

国内虽然已经有一些关于碳化硅的著作，但都是把碳化硅作为一种高性能陶瓷材料或者微电子材料来介绍的。据编著者所知，国内目前还没有关于高比表面积碳化硅制备以及高比表面积碳化硅在催化中应用的书籍。因此，我们感到有责任将分散在浩如烟海的科学文献中关于碳化硅的工作，进行系统整理和综合分析，编成一书，以利于我国研究人员在进入这一领域时能迅速对本领域有一个比较全面的了解。

本书在成书过程中得到了作者前工作单位（中国科学院山西煤炭化

学研究所）课题组同事和学生的大力协助。靳国强、王英勇、郭晓宁和童希立等同事，多年来一直在本课题组从事有关碳化硅的研究，在本书写作过程中做了大量工作，不仅协助本人整理了相关章节的文献，甚至还写出了章节的初稿。本书中介绍的相当一部分工作都是本课题组完成的，这得益于曾经和仍然在课题组学习和工作的研究生们。如果没有他们的辛勤努力，肯定不可能有这本书的问世。另外，在本书写作过程中，经常需要查找一些文献，也是请学生们帮忙找到的。在此，对他们一并表示感谢。

国家自然科学基金委员会十几年来曾多次支持课题组开展关于高比表面积碳化硅的研究工作，山西省科技厅也以科技重大专项的形式支持高比表面积碳化硅产业化的研究，在此表示感谢。感谢江苏省绿色催化材料与技术重点实验室资助本书出版。最后，我要感谢化学工业出版社的相关编辑，没有他们的辛勤付出，本书的完成也是不可想象的。

高比表面积碳化硅虽然是一个比较小的研究领域，从众多期刊中找出相关的文献仍然并非易事，再加上编著者水平有限，疏漏之处在所难免，敬请专家和读者批评指正。

郭向云

2019 年 5 月于常州大学

目录

Contents

第 1 章

碳化硅概述

　　碳化硅，是由碳和硅两种元素组成的化合物，其化学式可表示为 SiC。从化学式可以看出，SiC 中的两种原子，碳和硅在数量上是相等的。通常，化学式比较简单的物质，其结构和性质也比较简单。但是，SiC 的情况并非如此。在 SiC 中，碳原子和硅原子的不同排列可形成 200 多种不同晶型的 SiC，它们的性质和应用也有所不同。

　　本章，我们将对 SiC 的发现、人工合成、结构和性质，作一些简单的介绍。

1.1　自然界的碳化硅

　　当我们到一个陌生的地方旅行时，身上往往会带一张当地的地图，这样就能比较容易地知道自己置身何处。元素周期表就是化学世界的"地图"。有了这张地图，我们就可以根据元素在周期表中的位置了解它的性质，判断它可能参与的化学反应。

　　碳和硅的原子序数分别为 6 和 14，在元素周期表中处于碳族元素的第二和第三周期，即上下相邻。这种位置关系，表明它们在某些方面具有类似的性质。在我们生活的自然界中，碳元素无处不在，含碳化合物是构成形形色色的生命的物质基础。雷电引发的森林大火后，地面上会留下树木不完全燃烧形成的大量木炭。早期的人类虽然不知道组成木炭的化学元素是碳，但他们已经会利用这些木炭在洞穴里取暖、在岩壁上作画。由碳元素形成的另一种天然矿物——煤，已经为人类服务了数千年，现在仍然在为我们人类贡献着光和热。可以说，因为有碳元素，自然界才变得生机勃勃。

在元素周期表中，碳元素的正下方是硅。硅是地壳中含量第二多的元素，仅次于氧，但它的单质直到 19 世纪才被发现和确认。1811 年法国人 Gay-Lussac 和 Thénard 首次制备出纯净的硅，到 1823 年瑞典人 Berzelius 再次制得单质硅后，硅才被正式确认为元素[1]。虽然出世较晚，但它在半导体及现代通信业中却发挥了巨大而不可替代的作用。在化学世界里，碳和硅是同一个大家族中的两个亲兄弟。在我们生活的地球上，它们共同存在了数十亿年，但却没有结成生死与共的牢固友谊。也就是说，在自然条件下它们之间并没有通过化学键连接在一起，或者说地球上没有天然形成的 SiC。

人们在地球上没有找到天然的 SiC，但却收到了来自宇宙空间中 SiC 发出的信号。早在 19 世纪中期，德国科学家本生和基尔霍夫就发现原子可以吸收特定波长的光，由此开创了原子光谱分析法。原子有吸收光谱，由原子组成的分子乃至由原子或分子形成的固体颗粒，也有自己特定的吸收光谱。我们知道，宇宙空间里除了硕大的星体之外，还存在着大量的由原子、分子以及固体小颗粒组成的星际尘埃，它们都会吸收（固体颗粒还会使光发生散射）来自宇宙深处的恒星发出的光。这种由星际尘埃吸收和散射导致的光强度的损失，跟波长有关。一般的规律是，随着波长增加，光损失（消光）逐渐减弱。吸收了光子能量的原子、分子和固体颗粒，还会通过发射不同波长的辐射把吸收的能量释放出来。因此，宇宙深处的星光经过长途跋涉到达地球时，消光情况并不总是随波长增加而平滑降低。在这种逐渐下降的吸光曲线上，有时也会出现一些令人意外的鼓包（图 1-1）[2]。这些鼓包通常就是由特定分子或固体小颗粒的发射造成的。

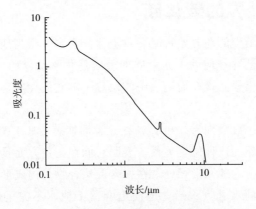

图 1-1   星光穿过宇宙尘埃后的消光曲线[2]

1983 年，美国、英国、荷兰等国联合发射了一颗红外天文卫星，在太阳同步轨道上收集来自宇宙深处的红外光谱。从这些收集来的光谱上，人们发现在 11.3μm 波长处出现了一个明显的鼓包。经过大量的实验和理论研究，人们确定这是由 SiC 颗粒的特征发射造成的（图 1-2）。目前已经有很多证据表明，在宇宙空间的尘埃里存在着大量的 SiC 颗粒，大多数直径在 0.1～1μm 之间，约占星际尘埃总质量的 5%[3]。

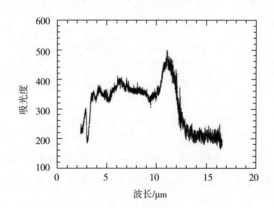

图 1-2　从宇宙深处收集到的红外光谱上，
人们发现了碳化硅颗粒的特征发射[3]

在广渺寒冷的宇宙星空中，这些细小的 SiC 颗粒看似在漫不经心地飘荡，实则它们刚刚经历过高温和烈火的炙烤。天文研究表明，宇宙中存在一类几乎全部由碳原子组成的恒星——碳星。和普通的由氢和氦组成的恒星相比，它们的温度较低，只有约 3000K。由于 SiC 颗粒是在碳星周围的尘埃中发现的，而且只有立方相的 SiC，因此人们推测这些立方相 SiC 颗粒是由碳星爆发喷射出来的碳和硅在温度降低到 2000K 左右时形成的。SiC 颗粒形成以后，也并非就开始了无所事事的游荡生活，而是继续为宇宙演化做贡献。当温度降低到 1500K 以下时，SiC 颗粒表面的硅在宇宙真空条件下蒸发流失，从而在 SiC 表面留下一层类石墨结构的碳（图 1-3）。这些类似石墨结构的碳会继续和星际尘埃中的氢发生反应，形成复杂多样的碳氢化合物分子[4]。有人甚至认为，地球上的生命就可能跟那些在星际尘埃中飞来飞去的碳氢化合物有关。无独有偶，在真空中热分解单晶 SiC 目前还是一种相当热门的制备石墨烯的方法[5]，不知道研究人员当初是不是从宇宙尘埃中得到了启示。

值得说明的是，人们在地球上也发现了一些 SiC。这些 SiC 不仅在数量上微乎其微，而且几乎都与陨石有关。例如，1893 年法国化学家、诺贝尔奖获得者 Henri Moissan 博士在美国亚利桑那州的一个陨石坑中发现的宝石级 SiC，

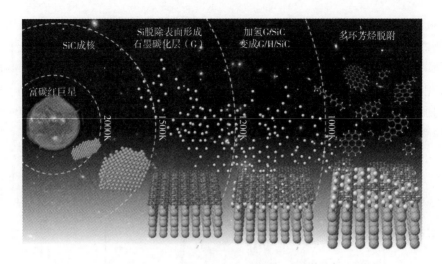

图 1-3 宇宙中碳化硅的形成和变化[4]

实际上就是由陨石带到地球上来的较大的 SiC 单晶颗粒。现在，这种宝石级 SiC 叫"莫桑石（Moissanite）"，就是为了表示对发现者 Moissan 博士的尊敬[6,7]。因此可以认为，地球上发现的 SiC 很可能都是来源于宇宙空间。一种说法认为，地球是由在太空中漂浮的尘埃凝聚形成的。既然太空尘埃中有大量的 SiC，那么地球刚形成时也可能有 SiC。经过几十亿年的演化，这些从宇宙深处产生的 SiC 在地球上各种各样的化学过程中早已面目全非。如今在地球上广泛存在的氧化硅、硅酸盐、煤和各种含碳物质，也许就和 SiC 存在着千丝万缕的联系。

从以上简单介绍可以看出，SiC 在宇宙空间中参与了许多重要的化学过程。然而，在我们生活的地球上，SiC 的主要用途还只限于制造磨具、磨料、高性能陶瓷等，在化学方面还没有大规模应用。对化学家来说，SiC 是真的没有用，还是没有意识到它的作用？从 SiC 在宇宙空间中的演化历史看，它注定不是一种平庸的材料！

1.2 碳化硅的人工合成

目前，全世界每年生产的 SiC 已经超过了 200 万吨。这些 SiC 主要用于制造磨具、磨料和耐高温的陶瓷部件，如轴承、喷嘴、密封片、热交换器等。虽然 SiC 的应用非常广泛，但这种材料并不是被人们有意制备出来的，而是得益于一次不成功实验中的偶然发现。

1891 年，35 岁的爱德华·艾奇逊（Edward G. Acheson）正在爱迪生的门罗公园实验室里试验制造金刚石的方法。那时候，人们已经知道金刚石就是结晶化的碳，也知道熔融状态的硅酸铝或金属可以溶解碳。艾奇逊希望碳从某种熔融体中析出时会发生重结晶，从而得到金刚石。这一次，他的配方是黏土加焦炭粉。他把这两种东西混合好以后装在一个铁碗里，插上石墨电极，逐渐增高电压。一阵耀眼的电火花闪过之后，电线短路了。艾奇逊的试验没有成功，他没有得到想要的金刚石。在整理试验用具时，细心的艾奇逊发现石墨电极上有一些亮闪闪的物质。这种物质硬度很大，可以在玻璃上留下划痕。艾奇逊立刻意识到这种东西的重要性，并在1893年为这种方法申请了专利。后来，艾奇逊在回忆这件事时，用了一句美国俗话 "Fools rush in where angels fear to tread" 来形容自己，这句话的大意是"无知者无畏"或者"初生牛犊不怕虎"。他还说，假若他是一个训练有素的化学家，可能就不会去尝试这种毫不靠谱的实验。可见，科学上要创新就必须摆脱习惯性思维的约束。图1-4是艾奇逊设计的可用于生产碳化硅的电弧炉（图1-4）[8]。

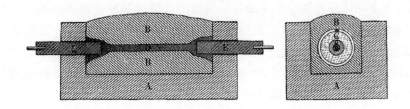

图1-4 艾奇逊设计的生产碳化硅的电弧炉
A—炉壁；B—反应原料；C—碳棒；D—颗粒状碳；E—石墨电极

现在，工业上生产SiC的方法就是在艾奇逊专利的基础上不断改进形成的，因此也叫"艾奇逊法"。艾奇逊法的基本原理就是在石墨电弧炉中加热氧化硅和碳，使二者在高温（2000～2500℃）下发生反应形成SiC。氧化硅的原料一般是石英砂，碳的原料可以是石油焦或者煤。目前，工业生产用的电弧炉与艾奇逊早期的设计几乎相同。由于电弧炉中心温度很高，越往外靠近炉壁温度越低，因此炉子中心产生的SiC杂质较少，而靠外面炉壁部分的SiC则杂质较多（图1-5）。1925年艾奇逊创办的卡普伦登公司成功地制备出了高质量的绿色SiC。目前，人们通过改进原料配比和生产工艺，已经可以生产出比较纯净的黑碳化硅或绿碳化硅。我国SiC的研制工作起步较晚，1951年在辽宁省沈阳市的第一砂轮厂建成了第一条SiC生产线，结束了我国不能生产SiC的历史。

艾奇逊法生产的SiC纯度低，主要用于磨料和耐火材料、结构和功能陶瓷等领域。随着人们对SiC物理性能，尤其是半导体性能研究的不断深入，SiC在半导体照明、高频率器件以及芯片等领域显示了广阔的应用前景，从而催生了对高

图 1-5　电弧法生产出来的 SiC 靠近炉芯处（上部）杂质较少

质量 SiC 晶体的巨大需求。在 SiC 晶体制备方面，1955 年取得重大突破。菲利普公司的研究人员 Antony Lely 采用升华法成功地制备出大尺寸 SiC 晶体，开创了 SiC 晶体在半导体器件领域中应用的新局面[9]。但这种方法制备的 SiC 结晶体中有大量的结构缺陷，难以满足半导体器件应用的要求。1978 年，苏联科学家对 Lely 提出的升华法进行了改进，在 SiC 晶体生长区放置一个 SiC 晶种，使 SiC 晶体沿晶粒的边缘定向生长。这种技术可以避免 Lely 法中 SiC 多晶核的形成，同时也减少了 SiC 晶体中的缺陷，因此成为制备高品质 SiC 晶体的一种有效方法。现在，一些高科技公司已经能生产出直径为 6in（1in＝0.0254m）甚至更大的 SiC 晶片。

　　值得指出的是，美国的 Cree 公司（Cree Research Inc.）已经能够可控地制备较大尺寸的钻石级 SiC[6]。通过掺杂，SiC 钻石可呈现不同的颜色。市面上销售的 SiC 钻石一般称为莫桑钻。图 1-6 为人工合成莫桑钻的照片及其生产装置示意图。

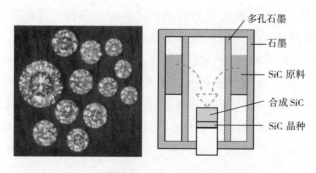

多孔石墨

石墨

SiC 原料

合成 SiC

SiC 晶种

图 1-6　莫桑钻及其生产装置示意图[6]

　　目前，有关 SiC 晶体生长和碳化硅半导体器件的研究是 SiC 材料研究的热点，感兴趣的读者可参阅这方面的专著。

(8)::::::

1.3　碳化硅的结构和命名

SiC 俗称碳硅石、金刚砂或耐火砂，是由碳和硅原子通过共价键组成的唯一化合物。碳和硅是同族元素，原子的最外层电子都是 4 个，其中两个占据 s 轨道，另外两个占据 p 轨道。一个 s 轨道和三个 p 轨道杂化后会形成 4 个 sp^3 杂化轨道。因此，在 SiC 中每个硅原子与四个碳原子通过 sp^3 杂化轨道共享电子形成共价键，硅原子位于 SiC_4 四面体的中心，四个碳原子处在顶点位置（图 1-7）。同样，每一个碳原子也处于一个 CSi_4 四面体的中心。在这种四面体中，C—Si 键的键长约为 1.89Å（$1Å=10^{-10}m$），相邻的两个 Si 或两个 C 原子之间的距离约为 3.08Å（$1Å=10^{-10}m$）。SiC 的这种结构和金刚石类似，因此许多性质类似金刚石。由于碳的电负性大于硅，C—Si 键中共享的电子对偏向碳原子一侧，使得 SiC 中碳原子带部分负电荷，而硅原子带部分正电荷[10]。

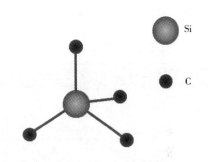

图 1-7　碳化硅中 SiC_4 四面体示意图

在 SiC 的晶体结构中，紧密排列的碳硅双原子层沿垂直于层平面的方向堆垛。虽然构成 SiC 的四面体结构单元非常稳定，但在碳硅双原子层的堆垛过程中，由于层间形成错位的能量很低，非常容易出现堆垛错层现象。因此，在 SiC 晶体的生长过程中，生长环境的微小扰动，都会导致堆垛错层现象的发生，这一特点决定了 SiC 具有很多不同的晶型，也称多型体（polytypes）。目前发现的 SiC 多型体超过 200 种，每种多型体都是由碳硅双原子层的不同堆垛次序构成的[11]。

在 SiC 中，碳硅双原子层的堆垛有三种相对位置，可分别标定为 A、B 和 C（图 1-8），这种不同相对位置的双原子层相互堆垛形成 SiC 的不同结晶形态。对不同结晶形态的 SiC，通常采用 Ramsdell 方法命名，这种方法能够直观地反映出各种多型体的晶体结构特征[11]。该命名法由字母和数字组成，字母代表构成 SiC 晶体的晶格类型，如用字母 H 代表六方晶系，R 代表菱方晶系，C 代表立方晶系。为了进一步明确 SiC 晶体的结构特征，还在字母前面加上阿拉伯数字，表示单位晶胞中的碳硅双原子层重复堆垛的层数。例如，3C 表示 SiC 为立方晶系，单位晶胞中含有 3 个碳硅双原子层，第 4 层开始重复。常见 SiC 多型体的结构特征和原子排列顺序见表 1-1。

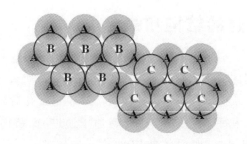

图 1-8   碳化硅中 C-Si 双原子层堆垛的三种不同相对位置（A、B 和 C）

表 1-1   常见碳化硅多型体的结构特征和原子排列顺序

多型体	晶体结构	单位晶胞中层数	原子排列顺序
3C	立方	3	ABC/A
2H	六方	2	AB/A
4H	六方	4	ABAC/A
6H	六方	6	ABCACB/A
8H	六方	8	ABCABACB/A
15R	菱方	15	ABCACBCABACABCB/A

Ramsdell 命名法具有系统性强、能够反映 SiC 晶体结构特征等优点，但由于 SiC 多型体种类繁多，因此采用这种命名法导致 SiC 种类数量过于庞大。在 SiC 的实际应用中，人们根据 SiC 的晶体结构特征和物理化学性质的差异，将 SiC 材料简单地分为两大类，即 α-SiC 和 β-SiC。其中，β-SiC 表示立方型 SiC，即 3C-SiC；α-SiC 则包含除 3C-SiC 之外的所有 SiC 多型体。工业上采用艾奇逊生产出来的碳化硅，一般都是 α-SiC。

1.4   碳化硅的性质和应用

碳化硅具有化学性质稳定、机械强度高、硬度大、密度小、耐高温、抗辐射以及良好的导热导电性能等优点，被广泛用作高温、高压等苛刻环境下的化学装置和电子元器件的材料。同时，由于碳化硅具有带隙宽、临界击穿电场强度高等独特的电子学特性，也可作为一种性能优异的半导体材料，被用于短波长光电器件和高温、抗辐射以及高频大功率器件等。碳化硅在国民经济各部门和航空航天及军事工业等领域具有广泛的用途。

无论是 α-SiC 还是 β-SiC，其中的化学键都是 C—Si 键，所以两者的化学性质非常相近，只是在物理性质尤其是电学性质上存在一些区别。SiC 最引人注目的化学性质就是稳定性，包括化学稳定性和热稳定性。SiC 与各种常见的酸或者碱都不发生反应，包括氢氟酸和硝酸，甚至两者的混合物。在惰性气氛中，SiC 非常稳定，2100℃时，β-SiC 会发生相变，变成 α-SiC；2500℃以上时，SiC 会发生分解。在氮气气氛中，当温度超过 1000℃时，SiC 会从表面开始逐渐发生氮化形成氮化硅。在空气中，当温度超过 800℃时，SiC 表面就会发生氧化形成一层氧化硅保护膜。

超硬性是 SiC 最早引起人们注意的性质，其莫氏硬度为 9.5，仅次于金刚石。当初艾奇逊注意到这种材料，就是因为它具有超硬的性质。因此，SiC 早期主要用于磨料和磨具。SiC 的机械强度也非常高，例如抗弯强度超过 350MPa，体积模量 220～250GPa。在热传导方面，SiC 也表现优异，其热导率在 25～41W/(m·K) 之间，可作为高温炉加热元件。SiC 的热膨胀系数较低，分别为 $5.12\times10^{-6}K^{-1}$（α-SiC）和 $3.80\times10^{-6}K^{-1}$（β-SiC）。这些性质，使得 SiC 在航空航天等领域具有非常重要的应用。更多的 SiC 性质参数，可参考有关著作[12]。SiC 是一种陶瓷材料，陶瓷材料的优点是强度高、硬度高，但是韧性不好。最近的研究发现，纳米尺度下的 SiC 会表现出一些异乎寻常的韧性。例如，SiC 纳米线在受到外力拉伸或弯曲时会表现出很大的可塑性能[13]。

随着人们对 SiC 研究的不断深入，这种材料的优良性能才被一一发掘出来，应用也越来越广泛。这里我们简单介绍一下碳化硅材料最常见的几种应用。

1.4.1 碳化硅在磨料和磨具领域中的应用

碳化硅的硬度大，且价格低廉，是一种理想的磨料材料。常用的碳化硅磨料有两种，一种是绿碳化硅，另一种是黑碳化硅，它们都是 α-SiC。根据材料的性质差异，两种碳化硅磨料应用于不同领域。相对而言，绿碳化硅硬度更大，自锐性好，含量高（SiC 97％以上），因此主要用于硬质合金、钛合金、光学玻璃、缸套和高速钢等的加工和研磨；黑碳化硅磨料韧性好、自锐性较差，且含量较低（SiC 95％以上），因此主要用于铸铁和非金属材料的切削、加工和研磨。碳化硅磨料等级主要是根据碳化硅粒度的大小来划分的，中国磨料行业规定，黑碳化硅有 17 个等级，绿碳化硅有 21 个等级。

碳化硅材料不仅可以用于金属和非金属材料的切削、加工和研磨，而且也可通过特殊的工艺涂覆在其他材料的表面，增强其耐磨性，提高其使用寿命。如用电镀或等离子溅射的方法将碳化硅微粉涂覆于水轮机叶轮上，可大大提高叶轮的耐磨性；将碳化硅微粉涂覆在内燃机的汽缸壁上，可延长缸体寿命一倍以上；在管道内壁、叶轮和旋流器表面以及机械泵泵室等表面涂覆碳化硅，均可提高其耐磨性能，延长使用寿命。β-SiC 也可用作耐磨涂层，将 β-SiC 超细粉涂覆在普通碳钢的钻头表面，其耐磨性能提高 20 倍以上（普通钻头钻 10mm 钢板，一般能钻 1～2 个孔，而涂有 β-SiC 的钻头可以钻 20～50 个孔）；铝合金活塞涂覆 β-SiC

材料后，其耐磨性和使用寿命可提高 30～50 倍。

1.4.2　碳化硅在耐火材料中的应用

碳化硅耐火材料具有良好的机械强度、热稳定性、导热性能和耐腐蚀性等特点，因此在冶金、能源、化工等行业得到广泛应用。高级耐火材料主要是重结晶碳化硅制品，它是由超纯净碳化硅微粉和超微粉（SiC 含量大于 99%），混入一定量的结合剂成型后，再经 2200～2400℃高温处理而得到的。在重结晶碳化硅制品的烧制过程中，碳化硅微粉或超微粉分解升华成气相 Si 和 SiC_2，气相产物冷凝重新结晶，最终得到碳化硅重结晶制品。

随着耐火材料生产技术的进步，SiC 制品按照不同工艺制成多种用途的耐火材料，其高温性能也因此更加优良。例如，美国一家公司生产的 Si_3N_4 复合 SiC 材料，高温（1350℃）抗折强度达到 44MPa，为普通 SiC 砖的 3 倍，熔铸氧化铝砖的 20 倍，黏土砖的 50 倍，抗氧化性能好，表面最高使用温度为 1700℃。

1.4.3　碳化硅在复合材料增强方面的应用

由于碳化硅机械强度大、硬度高，因此广泛应用于复合材料增强。碳化硅增强复合材料主要有三大用途：有机高分子材料增强、金属材料增强和陶瓷材料增强。在有机高分子材料增强方面，主要是与热塑性或热固性树脂构成复合材料，显著地提高塑料的强度、弹性模量、热传导性、耐磨性等。如在聚酰亚胺、环氧树脂和橡胶等产品中添加适量碳化硅，可显著提高材料的机械强度和产品的耐磨性。在金属材料中添加适量碳化硅，可提高材料的强度和抗冲击性能；在陶瓷材料中添加适量碳化硅，可提高材料的强度和抗热冲击性能。碳化硅增强复合材料也可用于宇宙飞船舱门、防护装甲和防弹衣等。

1.4.4　碳化硅在电子材料领域的应用

作为半导体材料，β-SiC 的导电性能、抗击穿能力和导热性能优于 α-SiC，在军工、航天、电子等高尖端领域有重要的应用价值。如由 β-SiC 制成的电子封装材料、发热器和热交换器等，在抗热震和热导性能等方面的优势是其他材料无法比拟的；由高纯度 β-SiC 制成单晶碳化硅晶片，具有优异的导电、导热性和抗辐射性能，可用于高频、高压、高温和强辐射等苛刻环境下的电子元器件，而传统的单晶硅和多晶硅难以用于此类苛刻环境；在发电机的关键部件中添加适量 β-SiC，不仅能提高发电机部件的耐磨和耐高温性能，而且还能提高其抗电晕效果。

1.4.5　碳化硅在吸波材料中的应用

碳化硅除了具有耐高温、稳定性好、抗酸碱腐蚀等优良的性质外，还具有一定的红外线以及电磁波吸收能力，因此也被用作多波段高温吸波材料的主要组分，是国外发展最快的吸波材料之一。碳化硅吸收剂在国外的一些先进武器型号上已有应用，并显示出优异的性能。β-SiC 的吸波性能明显优于 α-SiC，由 β-SiC 制备的吸波材料可用于高温环境，如在飞行器的关键部分涂覆 β-SiC 吸波材料，不仅可以提高它对雷达波的吸收，而且还可以提高其机械强度和耐磨性能。通过提高 SiC 的纯度或对其进行掺杂可以调节碳化硅的电导率，从而提高其对电磁波的吸收性能。掺杂的碳化硅复合吸波材料具有密度小、吸收性能稳定、不受温度和环境限制等优点。日本研制的一种 $SiC/Si_3N_4/C/BN$ 复合耐高温陶瓷吸波材料，在耐高温的同时表现出优异的吸波性能。更多关于碳化硅材料的吸波性能及应用，我们将在第 6 章进行详细的介绍。

1.4.6　碳化硅在生物医学领域的应用

SiC 在生物医学上也表现出了较好的应用前景。研究表明，SiC 具有良好的生物相容性。成骨细胞可在 SiC 表面贴壁黏附，正常生长，说明 SiC 具有良好的细胞相容性。采用一定工艺制成的泡沫 SiC，具有与皮质骨相当的高强度和弹性模量，以及与松质骨相近的高孔隙率和几何结构特征，且加工性能良好，可用于骨组织修复，解决目前多孔骨组织修复材料所面临的许多问题[14]。

总的来看，SiC 目前的应用主要还在耐磨材料和高温陶瓷灯领域，在电子领域才刚刚开始。未来，SiC 还可能在军工材料、能源材料和生物材料等领域的应用中取得重要突破。在图 1-9 所示的应用中，有些方面的开发已经非常成功，但多数仍然处于实验室探索阶段。

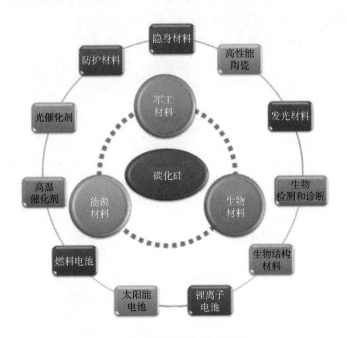

图 1-9　碳化硅的新应用领域

从 SiC 研究和应用的历史中，我们可以看到"制备-性能-应用"永远是新材料发展的基本模式。最初，艾奇逊发现这种材料的特点是硬度特别大，因此人们迅速将其应用于磨料和磨具。Lely 发明了制备高品质 SiC 晶体的方法后，人们能够准确地测量其性能，发现它在高温、高频、大功率以及抗辐射器件方面有巨大的应用潜力。再后来，人们发现 SiC 具有较宽的能带间隙和较大的抗击穿电压等优异的半导体性能，掀起了在半导体器件方面应用的高潮。令人遗憾的是，SiC 这种通过化学方法合成出来的材料在化学、化工中的应用还非常有限。

实际上，碳化硅的许多性能也非常适合应用于化学和化工过程。今天，我们日常生活中接触到的大多数产品都是通过化学化工过程生产出来的，而 90% 以上的化学化工过程都要用到催化剂。负载型催化剂是一类最常用的催化剂，通常由载体和金属活性组分组成。催化剂载体一般要有高的比表面积、较高的机械强度、良好的热和化学稳定性以及导热性能等。目前常用的载体材料主要是氧化物，如氧化硅、氧化铝等。这些材料具有较高的比表面积，但在稳定性方面却差强人意，而且都是热绝缘体。

我们知道，催化反应通常发生在高温和高压条件下，有些反应还会强烈放热。如果反应热不能及时散开，就会在催化剂局部形成"热点"，造成催化剂失活。从前面的介绍可以看出，SiC 具有强度高、稳定性高、导热性好的特点，正好满足催化剂载体的要求。那么，为什么没有以 SiC 为载体的商业催化剂呢？主要原因在于，目前工业上用艾奇逊法制备出来的 SiC 比表面积太低，只有不到 $1m^2/g$。这样低的比表面积难以安置足够多的催化活性位。经过几十年的努力，人们已经开发出一些制备高比表面积 SiC 的有效方法。因此，SiC 在多相催化（包括光催化和电催化）中的应用在不远的将来也必将会取得突破。

参考文献

[1]李振寰编.元素性质数据手册.石家庄:河北人民出版社,1985.

[2]吉姆·巴戈特.完美的对称性.李涛,曹志良译.上海:上海科技教育出版社,1999.

[3]Henning T,Mutschke H.Formation and spectroscopy of carbides.Spectrochim Acta Part A,2001,57: 815-824.

[4]Merino P,Švec M,Martinez J I,Jelinek P,Lacovig P,Dalmiglio M,Lizzit S,Soukiassian P,Cernicharo J, Martin-Gago J A.Graphene etching on SiC grains as a path to interstellar polycyclic aromatic hydrocarbons formation.Nature Commun,2014,5:3054.

[5]Berge C,Song Z M,Li X B,Wu X S,Brown N,Naud C,Mayou D,Li T B,Hass J,Marchenkov A N,Conrad E N,First P N,der Heer W A.Electronic confinement and coherence in patterned epitaxial graphene.Science,2006,312:1191-1196.

[6]Nassau K.Synthetic Moissanite:a new man-made jewel.Current Science,2000,79(11):1572-1577.

[7]Tressaud A.Henri Moissan:Winner of the Nobel Prize for Chemistry 1906.Angew Chem Int Ed,2006,45: 6792-6796.

［8］Acheson E G.Carborundum:its history,manufacture and uses.Journal of the Franklin Institute,1893,136:
　　194-203.

［9］Lely J A.Darstellung von Einkristallen von Silicium Carbid und Beherrschung von Art und Menge der
　　eingebauten Verunreinigungen.Ber Deut Keram Ges（Berichte der Deutschen Keramischen Gesellschaft）,
　　1955,32:229-236.（Angew Chem,1954,66:713）.

［10］Pollmann J,Peng X Y,Wieferink J,Krüger P.Adsorption of hydrogen and hydrocarbon molecules on SiC
　　（001）.Surf Sci Rep,2014,69:55-104.

［11］Bechstedt F,Käckell P,Zywietz A,Karch K,Adolph B,Tenelsen K,Furthmüller J.Polytypism and prop-
　　erties of silicon carbide.Phys Stat Sol(b),1997,202:35-62.

［12］江东亮.精细陶瓷材料.北京:中国物资出版社,2000.

［13］Han X D,Zhang Y F,Zheng K,Zhang X N,Zhang Z,Hao Y J,Guo X Y,Yuan J,Wang Z L.Low-tempera-
　　ture in situ large strain plasticity of ceramic SiC nanowires and its atomic-scale mechanism.Nano Lett,
　　2007,7:452-457.

［14］吴琳,徐兴祥,王禄增,荣小芳,田冲,张劲松.泡沫碳化硅细胞相容性及动物体内植入实验研究.无机材料
　　学报,2010,25(2):211-215.

第 2 章

高比表面积碳化硅的制备方法

　　碳化硅的优异性能，预示了这种材料在诸多领域的应用前景广阔。因此，艾奇逊发明的制备 SiC 的方法很快实现了工业化。这种方法是将石英砂与焦炭或煤混合后，用电弧炉加热到 2000℃ 以上，使原料中的碳和氧化硅反应生成 SiC。由于温度早已超过了氧化硅的熔点，反应炉中心的物料处于熔融状态，因此得到的产物是 α-SiC，非常致密，比表面积很小，一般小于 $1m^2/g$。这种 SiC 可用于制造磨料、磨具、陶瓷产品等许多领域，但作为催化剂载体则不合适。

　　催化剂载体的主要作用是分散和固定具有特定催化作用的活性组分，因此载体材料一般应有较大的比表面积，以及丰富的孔道结构。为了得到这种 SiC，首先应该在比较低的温度下使碳和氧化硅发生反应。如果反应过程中碳和氧化硅形成了熔融体，则很难得到高比表面积的 SiC。通常，制备高比表面积 SiC 都在 1500℃ 以下进行，产品均为 β-SiC。其次，碳和二氧化硅之间的反应不能进行得太彻底，未反应的碳和氧化硅可防止 SiC 骨架在高温下坍塌。反应结束之后，除去未反应的碳和氧化硅，还可以在 SiC 骨架中留下丰富的孔结构，从而增加其比表面积。可以想见，如果反应物之一的碳或者氧化硅具有多孔结构，而且这种多孔结构在反应过程中没有被破坏，就有可能得到具有较高比表面积的 SiC。

　　目前，人们已经采用了许多不同的材料或方法制备高比表面积的 SiC，包括模板法、溶胶-凝胶法、化学气相沉积等。各种方法得到的 SiC 都需要经过纯化，除去未反应的氧化硅、碳等杂质。如果产品中含有杂质，例如碳，测量出来的比表面积会偏高很多。

2.1 模板法

模板法是制备多孔材料的一种常用方法，在各种分子筛材料的制备过程中已经得到了广泛的应用。这种方法以模板为主体结构，通过模板的空间导向作用来影响和控制材料形成的微观环境和化学过程，从而实现对目标材料结构和形貌的有效控制。根据模板的性质，有硬模板和软模板之分。硬模板一般指具有相对刚性结构，以及特定形貌的固体材料，如多孔碳、多孔硅等；软模板主要是指分子结构中含有双亲基团的表面活性剂，它们可以通过分子间或分子内弱的相互作用（如氢键、范德华力等）形成具有一定结构和形貌的聚集体。由于碳和氧化硅发生反应的温度通常需要在 1200℃ 以上，因此软模板不太适合用来制备 SiC。高比表面积 SiC 的制备通常采用硬模板，主要有碳模板和氧化硅模板。

2.1.1 碳模板法

碳材料热稳定性好，特别是在惰性环境下，即使温度高达 2000℃ 以上，其骨架结构也不会发生塌陷。因此，碳材料特别适合作为高温环境下晶体生长的模板，是制备高比表面积 SiC 最常用的模板之一。碳热还原二氧化硅制备 SiC 是目前工业上主要采用的方法，但由于反应温度高，反应生成的 SiC 在高温环境下经历反复的烧结、分解、升华和重结晶等过程，因此最后得到的 SiC 比表面积很低。降低反应温度，可有效避免 SiC 的烧结和长大，因而有利于提高 SiC 的比表面积。

在碳热还原二氧化硅制备 SiC 的过程中，总反应方程式为：

$$SiO_2 + 3C \Longrightarrow SiC + 2CO \tag{2-1}$$

热力学分析表明，该反应在 1600℃ 以上可以自发进行。实际上，碳热还原二氧化硅包含了一系列基元反应。首先，固体的碳与固体的二氧化硅反应，形成气相的一氧化硅和一氧化碳；然后，气相的一氧化硅和一氧化碳或固体碳发生反应形成 SiC。

$$C + SiO_2 \longrightarrow SiO + CO \tag{2-2}$$

$$SiO + 3CO \longrightarrow SiC + 2CO_2 \tag{2-3}$$

$$SiO + 2C \longrightarrow SiC + CO \tag{2-4}$$

在通过反应（2-4）形成 SiC 的过程中，固体碳骨架可对 SiC 的形成和生长起到限制作用。因此，采用气相的 SiO 和碳模板反应，容易得到与模板形貌和结构类似的 SiC。

2.1.1.1 活性炭模板（形状记忆合成法）

由于活性炭具有非常丰富的孔结构和高的比表面积，因此人们很自然地想到用活性炭作模板制备高比表面积的 SiC。法国斯特拉斯堡大学的 Ledoux 等人首先提出了采用气相 SiO 和活性炭经气-固反应制备 SiC 的方法。他们提出这种方法的初衷就是，气相的 SiO 和活性炭的碳质孔壁发生反应并将后者转化为 SiC，从而得到具有类似活性炭孔道结构的多孔 SiC。由于这种方法得到的 SiC 能够基本上保持活性炭的形貌（图 2-1），因此作者将这种方法叫作"形状记忆合成法"（shape-memory synthesis, SMS）[1]。采用这种方法制备出来的 SiC，比表面积在 20~200m²/g 之间。

(a)活性炭　　　　　　　　(b)SiC

图 2-1　活性炭模板（a）与利用 SMS 合成的碳化硅（b）扫描电镜图[1]

形状记忆合成法的具体制备过程可分为两步：首先将硅粉（Si）和氧化硅（SiO₂）等比例混合均匀，在真空条件下加热到 1280~1520K，两者发生反应产生气相的 SiO；其次，将气相的 SiO 导入到活性炭表面并发生反应形成 SiC。整个过程可以用下面两个方程式表示：

$$Si + SiO_2 \longrightarrow 2SiO \tag{2-5}$$

$$SiO + 2C \longrightarrow SiC + CO \tag{2-6}$$

由于这两个反应所需要的温度非常接近，所以可以在同一个反应器中完成（图 2-2）[2]。在这种方法中，活性炭实际上就是起了模板的作用。

形状记忆合成法有一些显而易见的优点，如原材料便宜、容易获得，SiC 产品的形状可以通过活性炭预成型进行控制，以及不产生腐蚀性或有毒的气体副产物。法国 Ledoux 课题组采用这种方法制备了高比表面积的 SiC，并探索了 SiC 作为催化剂载体在一系列催化反应中的应用情况，是

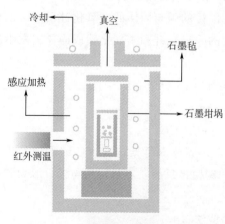

图 2-2　形状记忆合成法制备 SiC 的装置[2]

国际上研究高比表面积 SiC 的主要团队之一[2~5]。

2.1.1.2 生物质碳模板

生物质，包括农作物及废料、木材和其他天然生物材料，通过长期的自然演化形成了特殊和优化的微观结构，这些分级多孔和蜂窝结构有利于水和矿物质的运输。这些具有特殊孔道结构的生物质经过高温炭化处理后，可转化为具有类似生物质形貌和孔道结构的多孔炭。这种来源于生物质的多孔炭材料也可以作为模板制备具有生物质孔道结构的 SiC 材料。

根据硅源与碳模板的不同渗透和反应技术，生物质碳化硅的制备也可以分为溶胶-凝胶和碳热还原法、液相渗透技术和气相渗透技术。钱军民等人采用橡木和椴木为起始材料，利用溶胶-凝胶和碳热还原技术制备了生物形态的 SiC 材料[6,7]。首先将木材炭化得到碳模板，硅溶胶采用真空压渗的方法注入碳模板后，在 1600℃下碳热还原 4h，即可得到多孔 SiC。图 2-3 和图 2-4 是由不同木材制备的碳模板和 SiC。从图中可以看出，由这种方法制备出来的 SiC 具有与碳模板相似的孔道结构。采用类似的过程，Rambo 等人将松木[8]、Shin 等人将杨木[9]转化成具有相应孔道结构的 SiC。值得指出的是，由于硅胶中含有大量的氧，而这些氧最后都要以 CO 或 CO_2 的形式离开，因此采用这种方法制备的 SiC 孔壁会变薄，机械强度也会有所降低。这种方法制备的 SiC 中，有时会含有少量的 SiC 晶须。另外，硅溶胶渗入过程需要真空或高压环境，而且很难通过一次渗透就达到合适的碳/硅摩尔比，操作过程复杂，制备周期较长，且不易形成纯的 SiC。

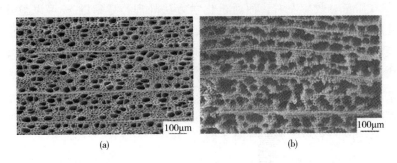

图 2-3 由椴木制备的碳模板（a）和碳化硅（b）[6]

液相渗硅法是将单质硅熔化后渗入碳模板。这种方法的具体过程如下：将碳模板埋在过量的硅粉中，在真空或者惰性气氛下，升温至 1600℃左右，熔融的硅直接渗入碳模板中同时和碳发生反应形成 SiC。液相渗硅法制备出的 SiC 孔壁厚、机械强度高，是研究者广泛采用的方法。各种植物都可能通过液相硅渗透技术转化为具有生物质形态的多孔 SiC。但是，由于反应过程中使用了过量的硅粉，制备出来的多为 Si/SiC 复合物，残余硅的去除相对较难。同时，硅颗粒可能使碳模板的部分微孔堵塞，导致 SiC 孔隙率降低。

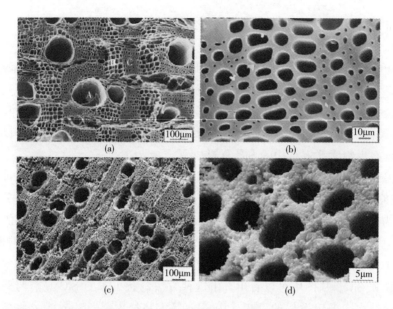

图 2-4   由橡木转化而来的碳模板和溶胶-凝胶碳热还原技术制备的 SiC

(a)，(b) 碳模板；(c)，(d) β-SiC[7]

Sieber 等人以枫木为起始材料，将制备的碳模板与过量硅粉充分混合，在真空条件下 1600℃反应 4h，制备出了保持木材形貌的 Si/SiC 的复合物[10]。残留的 Si 含量主要取决于碳模板的总孔容和孔道尺寸分布。对枫木来说，最后的 Si 含量在 23%（质量分数）左右。而通过化学方法处理，残留的 Si 可以被除掉，从而提高孔隙率。钱军民等也用液相渗硅法将椴木转化为多孔 SiC[11]。他们还对 Si 在碳模板中的渗入-反应动力学进行了研究。结果表明，液相 Si 渗入木炭的速度是相当快的，SiC 的生成速率比 Si 在木炭中的传输速率慢 5 个数量级，SiC 的生成反应是木炭转变为 β-SiC 的控速步骤。王庆等人将生物质果实，如小米、高粱、莲藕等炭化后，采用液相渗硅方法制备了具有生物质形貌和结构特征的 SiC，比表面积在 30m²/g 左右（图 2-5）[12~14]。

气相渗硅技术也是制备生物形态高比表面积 SiC 的常用方法。其主要优点是反应过程是在气-固界面完成的，有利于碳模板生物形貌特征的保持，即在反应过程中对碳模板的破坏性较小。另外，气相渗硅技术在反应过程几乎不引入其他杂质，样品的后处理手段也相对简单。按照渗入硅源不同又可以分为：气相 Si 渗透、SiO 渗透和化学气相渗透与反应（chemical vapor infiltration and reaction，CVI-R）技术。

气相 Si 渗透技术是将碳模板置于 Si 粉上层，高温下产生的 Si 蒸气与碳模板直接反应，形成 SiC。研究者采用该技术，已经将松木和椴木等转化生成 SiC[15,16]。气相 Si 渗入到碳模板内部后，会立刻与孔壁表面的 C 发生气-固反应

图 2-5　由小米（a）、（b）和莲藕（c）、（d）制备的具有生物质形貌
和结构特征的碳化硅

生成 SiC，这个过程非常快。表面形成的 SiC 会将气相 Si 与未反应的 C 隔开，气相 Si 必须扩散穿过 SiC 层才能进一步反应。由于 Si 穿过 SiC 层的扩散系数较小，因此扩散过程成为 SiC 形成的控速步骤。SiO 渗透技术，以高温下 Si 和 SiO$_2$ 反应产生的 SiO 气体与碳模板反应产生 SiC。同气相 Si 渗透相似，SiO 也是快速与 C 反应生成 SiC，然后扩散通过 SiC 层，继续与 C 反应形成 SiC。Kim 等人利用 SiO 渗透技术将橡木转化为中空的 SiC 微管[17]。钱军民等人也利用该技术将椴木转化为 SiC 中空纤维（图 2-6）[18]。CVI-R 技术则以 H$_2$ 为载气，将甲基三氯硅烷（CH$_3$SiCl$_3$，MTS）渗入到碳模板表面，然后通过高温处理制备 SiC 材料。Streitwieser 等人利用 CVI-R 技术将废纸转化为 SiC[19]。他们先将纸片转化为碳模板，置于管式炉反应器，以 H$_2$ 和 He 的混合气为载气，将甲基三氯硅烷载入反应器，在 800～900℃，MTS 在 H$_2$ 的作用下，分解为 Si/SiC 沉积在碳模板表面。随后温度升至 1250～1600℃，使 Si 与碳模板反应，将碳纸转化为 SiC。

2.1.1.3　介孔碳模板

介孔碳是一类孔道排列有序的多孔碳材料，孔尺寸通常在 3～10nm 之间，比表面积很高，因此也被用作模板制备高比表面积 SiC。例如，施剑林课题组通

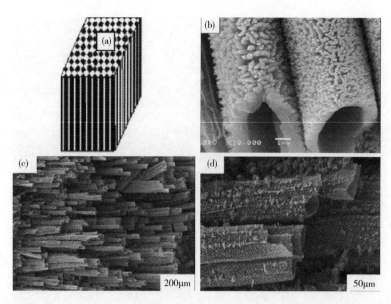

图 2-6　气相渗硅法制备的 SiC 微管[17,18]

过由介孔氧化硅 MCM-48、SBA-15 和 KIT-6 转化得到的介孔碳与硅粉在 1200～1300℃反应制备了 β-SiC 纳米晶。碳化硅样品保持了原材料的颗粒形态和多孔结构，比表面积约 147m²/g，孔径范围在 5～40nm[20]。阎兴斌课题组以 CMK-3 为碳模板，聚碳硅烷为硅源制备的规则介孔 SiC 比表面积高达 632m²/g，孔体积达到 0.58cm³/g[21]。制备方法如下：将 1g CMK-3 碳模板浸泡在含 1.5g 聚碳硅烷的四氢呋喃溶液中，搅拌 1d 后，真空蒸发除掉溶剂，得到黑色粉末状的碳和聚碳硅烷的复合物。将此复合物在氩气中升温到 1000℃，保持 2h，得到 SiC/C 复合物。将复合物在氨气中 1000℃处理 10h，除去碳模板得到有序孔结构的介孔 SiC（图 2-7）。

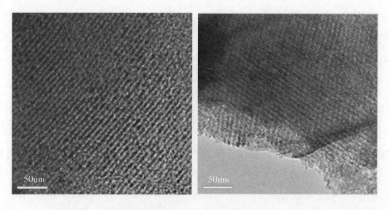

图 2-7　介孔碳模板和聚碳硅烷在 1000℃和 1200℃
反应得到的介孔碳化硅[21]

除了上面几种模板，一些工业废弃物也可以用来制备碳模板以及 SiC。武向阳等采用废弃的聚苯乙烯磺酸树脂球为碳模板，用硝酸铁溶液对其进行离子交换，将其转化为含铁的离子交换树脂，然后再与二氧化硅粉末简单混合后于1300℃反应，得到了与离子交换树脂外形尺寸相似的多孔 SiC 微球，如图 2-8 所示[22]。

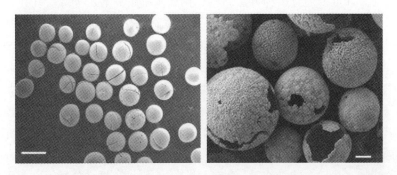

图 2-8 采用废弃离子交换树脂与二氧化硅粉末反应得到的多孔碳化硅微球

碳模板除了可制备 SiC 以外，还可以制备其他的碳化物、氧化物等材料，主要的一些制备步骤都很相近，如图 2-9 所示[23]。

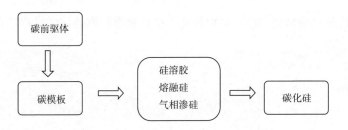

图 2-9 碳模板制备碳化硅的一般过程

2.1.2 氧化硅模板法

因为制备 SiC 的另一种原料就是氧化硅，所以多孔的氧化硅材料也可以作为模板制备高比表面积 SiC。用作制备高比表面积 SiC 的氧化硅模板主要有两大类，一类是颗粒尺寸在纳米尺度范围内的硅溶胶，另一类是具有介孔结构的氧化硅。采用硅溶胶作模板，通常需要对硅溶胶中的氧化硅纳米颗粒表面进行改性，使其具有一定的疏水性。然后，在改性后的硅溶胶纳米颗粒表面涂覆一层含碳物质，通过控制含碳物质的热解温度、碳热还原温度以及反应时间等，可制备出外壳为 SiC、内核为氧化硅的核-壳结构，除去内核中未反应的氧化硅，即可得到空心的 SiC 纳米球或者多孔 SiC。采用介孔氧化硅为模板时，通常利用其介孔骨架为模板，在孔道中注入含碳物质，先在一定温度下使含碳物质分解，在氧化硅孔道壁上残留足够的碳，然后再在高温下发生碳热还原反应制备介孔碳化硅。也有人利用介孔氧化硅材料的主客体效应，通过氧化硅孔道中狭小空间的限制作用制备碳化硅纳米线或纳米管。

2.1.2.1　氧化硅微球模板法制备碳化硅

氧化硅微球可以通过多种方法制备，例如水解正硅酸乙酯等。在正硅酸乙酯水解过程中加入不同的表面活性剂，还可以控制氧化硅微球的尺寸分布。因此，利用不同尺寸的氧化硅微球为模板，可以制备不同比表面积和孔分布的 SiC。

2002 年，韩国学者 Sung 等人以自制的氧化硅微球为模板，制备了高比表面积的有序孔 SiC[24]。他们先制备出直径均一（约 500nm）的氧化硅微球，然后将此微球分散在无水乙醇中形成悬浮液，让其自然沉降形成致密堆积的微球沉积层。沉积层干燥后，转移到聚碳硅烷的四氢呋喃溶液中，使聚碳硅烷填充到微球之间的空隙中，形成复合物。将这种复合物在 50℃ 下真空干燥 2h，除去复合物中的四氢呋喃；然后，在 160℃ 下真空干燥 6h，使复合物充分凝固。凝固后的复合物在氩气保护下，以 10℃/min 的速度升温到 1200℃，保温 1h。将反应后得到的复合物用氢氟酸清洗，除去未反应的氧化硅，即可得到孔道排列有序的高比表面积 SiC。用聚甲基硅烷代替聚碳硅烷，也可以得到类似的 SiC，比表面积在 150～172m^2/g 之间，如图 2-10 所示。需要指出的是，采用聚甲基硅烷为前驱体，热解后会残留一些单质硅；而采用聚碳硅烷为前驱体，热解后会残留部分碳。

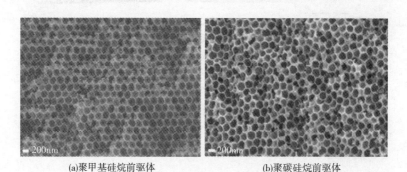

(a)聚甲基硅烷前驱体　　　　　　　　　(b)聚碳硅烷前驱体

图 2-10　以氧化硅微球为模板制备的多孔碳化硅

氧化硅微球也可以作为模板制备高比表面积的 SiC 空心微球，制备过程的关键是制备特定尺寸的具有核-壳结构的氧化硅微球模板。Noh 等人先将正硅酸乙酯在乙醇和氨水中水解一定时间，得到氧化硅微球晶核，然后再加入正硅酸乙酯和十八烷基三甲氧基硅烷继续水解。后水解产生的氧化硅在原先的晶核外形成一个多孔的氧化硅壳层，其中十八烷基三甲氧基硅烷的作用是在氧化硅壳层中产生介孔结构。将此核-壳结构的氧化硅微球作为模板分散到聚碳硅烷溶液中，通过长时间浸泡使聚碳硅烷充分进入模板的介孔孔道中。干燥除去溶剂，将样品放入带有氩气气氛的电炉中加热到300℃，保温5h。之后，先以0.5℃/min的升温速率升温到700℃，再以1℃/min的升温速率升温到1300℃，保持恒温反应2h。这时，得到的是外层包裹着SiC的氧化硅微球。最后，用氢氟酸除去氧化硅，即可得到SiC空心微球（图2-11）[25]。从图2-11可知，SiC空心球具有均匀的颗粒尺寸和壳层厚度，颗粒尺寸大约200nm，壳厚度为30～40nm。N_2吸附结果显示，这种碳化硅空心球的孔分布主要集中在4～10nm之间，比表面积最大可达700m^2/g以上。

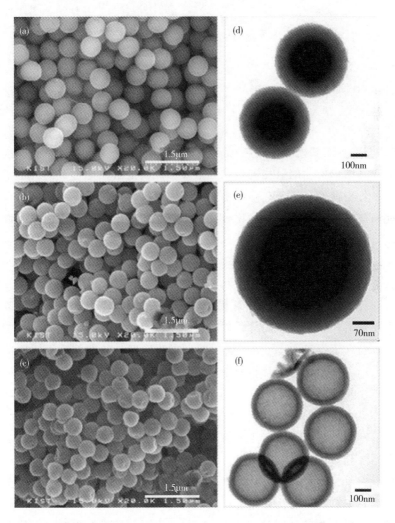

图2-11　（a）SiO_2/C，（b）SiC/SiO_2核-壳结构，（c）空心碳化硅微球的扫描电镜照片，（d）SiO_2/C，（e）SiC/SiO_2核-壳结构，（f）空心碳化硅微球的透射电镜照片[25]

　　在这种方法中，氧化硅模板的壳层结构对制备碳化硅空心球具有非常重要的作用。一方面，壳层要有一定的孔隙率，能够吸附容纳足够的聚碳硅烷；另一方面，壳层还需要一定的厚度，才能在模板和聚碳硅烷（PCS）之间起到桥梁作用。因此，控制模板壳层的厚度和孔结构非常重要。为了得到这种独特的核-壳结构的氧化硅微球，需要在制备过程的特定阶段加入造孔剂，如十八烷基三甲氧基硅烷。这种 SiC 空心微球的形成过程，可用图 2-12 表示。

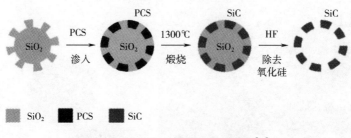

图 2-12   SiC 空心微球的形成过程[25]

2.1.2.2   硅溶胶模板合成碳化硅

　　硅溶胶是纳米尺寸的氧化硅颗粒分散在水或其他溶剂中形成的分散液，具有来源广泛、价格便宜的优势。硅溶胶中，氧化硅颗粒的尺寸大小和分布容易控制，因此以硅溶胶为模板制备高比表面积 SiC，具有良好的应用前景。以硅溶胶为模板制备介孔 SiC 的原理同制备 SiC 空心球相同，都是利用聚碳硅烷类物质包覆二氧化硅，然后通过热解聚碳硅烷类物质形成碳化硅包覆二氧化硅的复合材料，除去其中的二氧化硅，得到所需的介孔 SiC 材料。

　　制备介孔 SiC 材料对二氧化硅模板的要求相对简单些，一般的制备过程如下：首先使水溶性硅溶胶中的氧化硅颗粒发生沉淀，并将其分离出来；将分离出来的硅胶颗粒在干燥箱中 100℃ 干燥 12h 左右，确保硅胶颗粒表面吸附的水分子完全脱除，以免残留水与聚合物前驱体之间发生反应；然后将干燥过的硅胶在聚碳硅烷溶液中浸泡 24h，蒸发掉溶剂后，再在真空条件下 180℃ 老化 24h，得到混合前驱体；将混合前驱体在氩气气氛下以 10℃/min 的升温速率加热到 1000~1400℃ 反应一定时间；最后用氢氟酸溶液洗去未反应的二氧化硅，即可得到高比表面积的介孔 SiC。

　　采用硅溶胶为模板制备 SiC 时，可以根据需要，选择不同颗粒尺寸分布的硅溶胶，从而可以对 SiC 的孔分布进行调节。图 2-13 是 Park 等人采用不同颗粒尺寸的硅溶胶为模板制备的高比表面积介孔 SiC 的扫描电镜图像[26]。从图中可以看出，SiC 具有均匀的孔尺寸分布，最小孔尺寸为 20nm，最大比表面积为 $612m^2/g$。

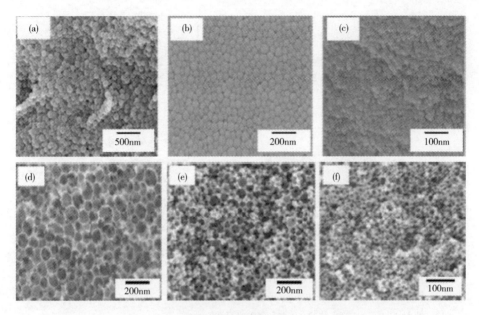

图 2-13　不同孔径分布的硅凝胶（a）～（c）
及其制备得到的介孔碳化硅（d）～（f）[26]

　　此外，还可以对硅溶胶颗粒表面进行化学改性，将表面亲水的硅羟基转化成亲油的有机官能团。改性后的硅胶颗粒可以分散在油性溶剂中，通过简单浸泡直接将聚碳硅烷附着在硅胶表面，然后通过控制热解的方法制备出高比表面积 SiC。例如，用正丁醇在一定条件下与硅溶胶颗粒表面的 Si—OH 反应，形成亲油性的 Si—OC$_4$H$_9$ 基团。

$$Si—OH + C_4H_9OH \Longrightarrow Si—OC_4H_9 + H_2O \tag{2-7}$$

　　将这种亲油性的硅胶分散到二甲苯中，与聚碳硅烷溶液混合，真空蒸发掉溶剂后，将复合物先在氩气气氛中 300℃ 老化，然后在氩气气氛中加热到 1200℃ 反应 5h，得到 SiC/SiO$_2$ 复合物。用氢氟酸除去复合物中的氧化硅模板，可得到比表面积高达 500～800m^2/g 的 SiC。具体制备过程如图 2-14 所示[27]。

2.1.2.3　介孔氧化硅模板制备碳化硅

　　介孔氧化硅是纳米材料控制合成的非常重要的一种硬模板，广泛应用于纳米材料的形状、结构和尺寸可控合成。介孔氧化硅模板也可以用来制备高比表面积 SiC。经常采用的介孔氧化硅模板有 MCM、SBA 以及 KIT 系列的分子筛。根据 SiC 形成机制的不同，氧化硅模板的作用有两种情况：一种是在碳热还原形成 SiC 的过程中，氧化硅既是模板，又参与反应；另一种是聚碳硅烷类热解形成 SiC，其中的氧化硅只起模板作用。实际上，含有碳和氧化硅的体系在高温（1200℃ 以上）下两者之间发生碳热还原反应是难以避免的。

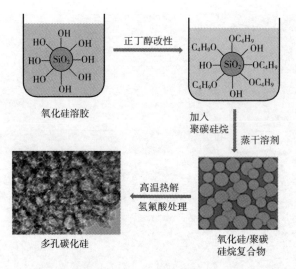

图 2-14　氧化硅颗粒表面改性过程及制备介孔碳化硅示意图[27]

(1) 碳热还原途径制备高比表面积碳化硅

这种方法通常是将富含碳的有机高分子通过适当工艺填充到介孔氧化硅的孔道中，然后在一定条件下碳化，形成碳和氧化硅复合物，最后再在高温下加热复合物进行碳热还原反应，形成高比表面积的 SiC。也可以采用化学气相渗碳法在氧化硅孔道中原位沉积碳，再经过碳热还原反应形成 SiC。

Parmentier 等以丙烯为碳源，通过化学气相沉积法进入 MCM-48 的孔道，制备出比表面积为 $50\sim120\,m^2/g$ 的 SiC[28]。具体制备方法如下：首先以硅溶胶为硅源，十六烷基三甲基溴化铵（CTAB）为结构导向剂（有机软模板），在氢氧化钠溶液中制备出 MCM-48 介孔分子筛，在空气中 540℃ 焙烧 2h 除去有机模板；将 MCM-48 分子筛放入氩气氛炉（气相渗碳装置）中，程序升温到 750℃ 后，将丙烯和氩气的混合气（丙烯体积含量为 2.5%）导入反应炉中，使丙烯在 MCM-48 的介孔孔道中分解，热解形成的碳沉积在孔道壁上，热解 12h 后，形成的 C/SiO_2 复合物中碳含量约为 56%；最后，在氩气气氛下将该复合物加热到 $1250\sim1450℃$，使其发生碳热还原反应，反应时间为 $5\sim16h$，再对反应物进行除碳和除硅处理（在空气中 700℃ 焙烧除去未反应的残留碳，用盐酸和氢氟酸混合液除去未反应的残留氧化硅），即可得到高比表面积 SiC。研究发现，复合物中碳含量、反应时间和反应温度等因素都对 SiC 的比表面积有较大影响。温度高、反应时间长，将导致碳化硅部分烧结，比表面积变小。实验条件下，二氧化硅的转化率可达到 86%~92%。

陆安慧等采用液相注入技术，将糠醇填充在 SBA-15 分子筛孔道中，然后在适当温度下碳化，使孔道中的糠醇聚合物转化成碳，再经碳热还原反应制备出比表面积为 $160\,m^2/g$ 的 SiC[29]。制备过程简述如下：采用聚氧醚类表面活性剂

P123为模板，正硅酸乙酯为氧化硅前驱物，酸性条件下制备SBA-15，在空气中550℃焙烧10h脱除模板；然后将SBA-15分子筛放入糠醇溶液中，加入适量草酸作催化剂（糠醇和草酸的摩尔比为180），在60～80℃浸泡1d后，加热到150℃反应3h，得到含糠醇聚合物的复合物；将干燥后的复合物放入氩气氛炉中，以2℃/min的升温速率升温到850℃，保持4h，使复合物中的糠醇聚合物充分碳化，形成C/SiO₂复合物，继续升温到1400℃，反应3h，得到含SiC的混合物。反应后的混合物经空气中600℃焙烧12h除碳，以及氢氟酸除二氧化硅后，即可得到高比表面积碳化硅。研究发现，糠醇聚合物不仅可以填充到SBA-15的孔道中，而且也能进入SBA-15骨架的微孔中。图2-15是所制备的碳化硅的透射电镜照片。可以看出，这种方法制备的SiC主要为纳米颗粒，颗粒尺寸在10nm左右。

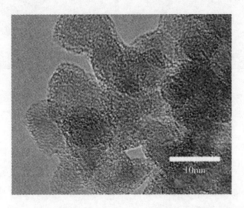

图2-15　SBA-15孔道中原位聚合糠醇制备的碳化硅[29]

在这种经过碳热还原途径形成SiC的方法中，改变碳热反应条件，如温度和时间等，SiC的形貌会发生很大变化。例如，Yang等人同样采用液相注入技术，通过二步浸渍法将蔗糖分散到SBA-15的孔道中，通过类似的碳化和碳热还原方法，制备出的碳化硅为晶须和纳米管[30]。他们发现，当碳热还原为温度为1200℃，反应7h时，生成的碳化硅主要为颗粒状；但还原温度为1250～1300℃，反应7～14h时，形成的碳化硅主要是沿[111]方向生长的碳化硅晶须，直径在50～90nm之间，长度为20μm，比表面积在120～145m²/g之间；而延长碳热还原反应时间到20h，则可得到直径为60～100nm、长度为10μm的碳化硅纳米管，比表面积可达190m²/g（图2-16）。

C/SiO₂复合物在碳热还原过程中，C和SiO₂的比例、加入晶种以及改变加热条件等对SiC的产率及形貌有明显的影响[31]。当复合物中C的含量太低时，大部分会转化成CO或CO₂，无法形成SiC。适量加入聚碳硅烷（PCS）可以引入碳化硅晶种（聚碳硅烷800℃左右即可分解得到SiC，见2.4节），促进碳化硅

图 2-16   不同碳热反应条件下得到的碳化硅
(a) 1200，7h；(b) 1250，14h；(c) 1300，7h；(d) 1300，20h

的形成，主要产物为 SiC 纳米颗粒。当 C/SiO_2 比例高于 3 时，两者直接发生碳热还原，就可以生成 SiC 纳米颗粒。这种情况下，如果加入聚碳硅烷会显著改变生成碳化硅的形貌，除了 SiC 纳米颗粒，还会有大量纳米纤维和纳米棒生成，这也是由于聚碳硅烷分解生成碳化硅晶种。如果对 C-SiO_2 样品在 1200℃进行预处理，其结构会发生一定的重排，生成 SiC 的形貌也会相应发生改变。

采用液相注入有机物碳热还原方法，也可以制备大尺寸的多孔 SiC。例如，Sonnenburg 等人采用预成型技术，将介孔二氧化硅制备成直径约 1cm 的柱状物，然后以中间相沥青或糠醇等为碳源，通过液相浸渍的方法制备出含有机质的二氧化硅柱状复合物，再通过碳化和碳热还原得到柱状的高比表面积碳化硅块体[32]。柱状物中的碳化硅呈海绵状结构，具有明显的分级孔结构特征，大孔尺寸为微米级，小孔尺寸为纳米级，比表面积高达 $280m^2/g$。具体制备过程如下：将 1.18g 聚乙二醇（平均分子量 10000）溶解到 10mL 乙酸溶液（0.01mol/L）中，加入 4mL 正硅酸甲酯（TMOS），在冰浴条件下搅拌 20min 后，将浑浊液注入不同形状的模具中，并在 40℃下凝胶 12h 变成具有乳光的柱状物。柱状物在 1mol/L 的氢氧化锰溶液中 120℃煮 9h 后，从溶液中取出，再用 0.01mol/L 的硝酸溶液中和，然后用丙酮洗涤，40℃干燥 3d 后放入管式炉 600℃焙烧 4h，得到柱状氧化硅模板。然后，将柱状氧化硅模板浸渍在中间相沥青的四氢呋喃溶液中，老化三天，使沥青充分注入到模板中。最后，将含有沥青的氧化硅复合物先在惰性气氛下 750℃碳化 5h，再在 1500℃下碳热还原反应 6h，可得到柱状的介孔碳化硅。从图 2-17 中可以看出，样品中既有微米尺寸的大孔，也有纳米尺寸的小孔，是一种具有多级孔结构的 SiC。

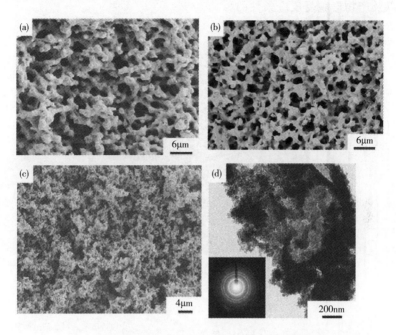

图 2-17 采用 SiO₂ 块体为模板制备多孔结构碳化硅

(a) SiO₂ 的扫描电镜照片；(b) SiO₂/C 的扫描电镜照片；

(c) SiC 的扫描电镜照片；(d) SiC 的 TEM 照片

(2) 热解法制备碳化硅

在以介孔二氧化硅为模板、通过碳热还原制备碳化硅的过程中，由于二氧化硅在制备过程中既是模板又是反应物，因此，制备出来的碳化硅孔道结构不规则，且存在一定的表面烧结现象。这些都会影响碳化硅的比表面积。相对而言，以介孔二氧化硅为模板，采用适当的方法将聚碳硅烷类物质引入到介孔二氧化硅孔道中，然后通过热裂解聚碳硅烷产生碳化硅的方法，更容易得到孔结构有序的高比表面积碳化硅。

图 2-18 是采用 SBA-15 分子筛为模板，注入聚碳硅烷然后热分解形成的碳化硅的透射电镜照片。采用这种方法制备碳化硅时，不同的硅模板以及热处理条件和热解温度等对碳化硅的结构、形貌和比表面积有较大的影响（表 2-1）[33]。同时聚碳硅烷的种类、分子量也影响制备的碳化硅的性质。当采用高分子量的聚碳硅烷（$M=3500$）时，得到的 SiC 的比表面积为 449m²/g；当聚碳硅烷前体的分子量较小时（$M=800$、1400），得到的 SiC 的比表面积明显增加，分别为 634m²/g 和 672m²/g。这可能是高分子量的聚碳硅烷前体不能充分进入介孔模板

的孔道内所致。另外，采用结构中含有乙烯基和低分子量的液态聚碳硅烷时，低温热裂解容易得到纳米管状碳化硅；而采用高分子量的聚碳硅烷，高温热解则容易产生实心结构的碳化硅纳米棒。图 2-18 形象地表示了这种方法产生碳化硅的过程，以及产物形貌受反应条件的影响[34,35]。

图 2-18   介孔二氧化硅/聚碳硅烷复合物热裂解形成
的有序介孔碳化硅的 TEM 照片[33]

表 2-1   不同条件下制备的介孔碳化硅的性质[33]

编号	样品	水热温度 /℃	热解温度 /℃	比表面积 /(m²/g)	孔径/nm	孔体积 /(cm³/g)
a	SiC-SBA15	100	1200	720	2	0.52
b	SiC-SBA15	100	1400	580	2	0.49
c	SiC-SBA15	130	1200	550	3.6	0.59
d	SiC-SBA15	130	1400	540	3.7	0.58
e	SiC-KIT6	100	1200	460	3	0.42
f	SiC-KIT6	100	1400	430	3.5	0.47
g	SiC-KIT6	130	1200	690	3.3	0.49
h	SiC-KIT6	130	1400	620	2.9	0.40

采用介孔二氧化硅为模板，通过注入聚碳硅烷类物质，不仅可以得到孔结构有序的高比表面积碳化硅颗粒、纳米棒、纳米管等，还可以制备大尺寸块体结构的高比表面积碳化硅材料。Krawiec 等人通过纳米铸型技术，将聚碳硅烷（PCS）注入具有规则三维孔道结构的介孔 SBA-15 和 KIT-6 中，再经高温裂解聚碳硅烷

制备了不同结构的高比表面积 SiC。其中，注入室温下为固态的聚碳硅烷，可得到纳米棒状的 SiC；而注入室温下为液态的聚碳硅烷，则得到管状 SiC。两者都具有较高的比表面积[34]。采用纳米铸型技术，该课题组制备了一系列高比表面积介孔碳化硅[35,36]。其中，比表面积最高者可达 942m²/g，大孔体积为 0.864cm³/g，小孔平均孔径 3.6nm[36]。

从文献结果看，以介孔二氧化硅为模板，通过注入聚碳硅烷类物质热解得到的碳化硅比表面积多数都在 400～900m²/g 之间。但是，几乎所有文献中都只进行了脱硅处理，而未进行除碳，这可能是导致碳化硅表面积偏高的原因之一。另一方面，聚碳硅烷类物质在热解过程中有时会形成具有碳-氧-硅结构的复合物，这些复合物不容易通过氢氟酸洗涤去除，可能也会导致碳化硅比表面积偏高。总体说来，这种方法是制备超高比表面积碳化硅的一种有效方法。

2.2 碳硅凝胶碳热还原法

溶胶-凝胶法是一种在温和条件下制备多孔材料的湿化学方法。溶胶干燥或热处理的温度和升温速率，都会对产物的结构、形貌和孔隙率产生影响。研究者们采用溶胶-凝胶法制备了很多不同形貌和结构的多孔材料，将含有碳和氧化硅的凝胶前驱体在 1000～1600℃的温度下进行碳热还原，可得到 SiC。

早在 20 世纪 90 年代，Vix-Guterl 等已经在制备 SiC 的过程中使用了硅凝胶[37]。作者将硅胶和石英粉按一定比例混合压制成薄片，再用冷冻干燥法除去混合物中的水分，得到多孔的氧化硅模板。然后，将酚醛树脂渗入到氧化硅模板的孔道中，经碳热还原得到多孔碳化硅，比表面积为 35m²/g。这种方法的优点是可以得到具有特定形状的 SiC。

郭向云等提出了一种改进的溶胶-凝胶方法制备高比表面积 SiC[38~40]。这种方法一般采用正硅酸乙酯（TEOS）和酚醛树脂分别作为硅和碳的前驱体，通过水解等过程得到含有硅和碳的二元凝胶。在这种碳质硅凝胶中，氧化硅和酚醛树脂达到了近乎分子水平上的混合，颗粒尺寸均匀且孔结构丰富，如图 2-19（a）所示。水解过程中加入少量硝酸镍，作为碳热还原反应的催化剂，同时也可对 SiC 的孔尺寸和比表面积进行调控。碳硅二元凝胶在 1250℃左右发生碳热还原反应即可得到含有 SiC 的混合物，然后通过酸洗和空气中退火除去未反应的氧化硅、碳和其他杂质，得到纯净的 SiC［图 2-19（b）］。这种方法得到的 SiC 具有较高的比表面积（40～200m²/g），平均孔径为 10～45nm，而且 SiC 的比表面积和孔尺寸可以通过改变凝胶中镍和硅的摩尔比进行调控。图 2-20 是采用这种方法得到的 SiC 的透射电镜图片，从图中可以看出，这种 SiC 具有均匀的孔道结构特征。其他金属盐的加入也可以促进 SiC 的形成，而且金属盐的种类和含量对产物的结构和形貌有明显的影响[41,42]。

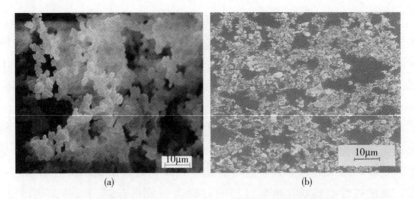

图 2-19　碳硅凝胶（a）和碳化硅（b）的扫描电镜照片

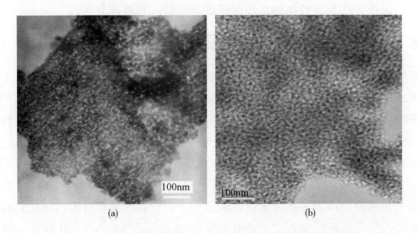

图 2-20　溶胶-凝胶碳热还原制备的碳化硅的透射电镜照片

一般来说，加入低熔点金属盐（如铝、钠和镧等）容易生成 SiC 晶须或纳米线；而铁、钴和镍盐则有利于生成多孔的 SiC 颗粒。溶胶-凝胶碳热还原方法制备多孔 SiC 的过程，如图 2-21 所示。一般认为，当有金属催化剂存在时，碳化硅的形成机理为气-液-固机理，在此机理中主要有液相合金球的存在，SiO（g）和 CO（g）溶解到液相合金球中，达到饱和后析出，生成碳化硅。

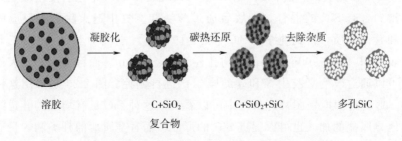

图 2-21　溶胶-凝胶法中多孔 SiC 形成过程示意图

在制备二元凝胶时，碳前驱体还可以用蔗糖、糠醇、淀粉等，硅前驱体可以用水玻璃、硅酸等[43~47]。郑瑛等使用蔗糖为碳源，正硅酸乙酯（TEOS）为硅源制备的 SiC，比表面积达 157m²/g。作者研究了水解过程中金属盐种类以及碳/硅摩尔比对 SiC 比表面积的影响，发现加入硝酸铁制备的凝胶效果最佳[43,44]。在溶胶过程中加入表面活性剂（如 CTAB）或聚甲基氢硅氧烷（PMHS），可以促进 SiC 中介孔的形成，从而提高其比表面积[48,49]。通过调节 PMHS 在溶胶-凝胶过程中的加入量，SiC 的比表面积在 120m²/g 到 167m²/g，孔隙体积在 0.49cm³/g 到 1.01cm³/g 之间变化[45]。

采用苯基三甲氧基硅烷作为凝胶前驱体也可以制备高比表面积的 SiC，产物的孔隙结构可以通过在凝胶形成过程中添加碱或表面活性剂得到有效调控[50]。在苯基三甲氧基硅烷水解过程中加入 NaOH、氨水或表面活性剂（十二烷基硫酸钠）都可以促进产物中多孔结构的形成，增加其比表面积。这种方法得到的 SiC，比表面积在 450~620m²/g 之间，孔体积在 0.37~0.45cm³/g 之间。TEOS 和不同碳链长度的烷氧基硅烷的共缩聚物也可以作为前驱体制备介孔 SiC[51]。烷氧基硅烷中烷基链的长度对产物比表面积和孔径有明显的影响。使用正辛基三乙氧基硅烷为前驱体制备的 SiC，比表面积为 345m²/g，孔径尺寸为 5.7nm。

沈晓东等通过溶胶-凝胶和超临界干燥技术制备了间苯二酚-甲醛树脂/二氧化硅（RF/SiO₂）的复合物，经碳热还原后可得到介孔 SiC[52,53]。这种 SiC 的制备过程如图 2-22 所示[53]。这种 SiC 可做成特定的宏观形状，比表面积在 251~328m²/g 之间。图 2-23 分别显示了 RF/SiO₂ 气凝胶、C/SiC 干凝胶以及得到的 SiC 的扫描电镜照片[53]。

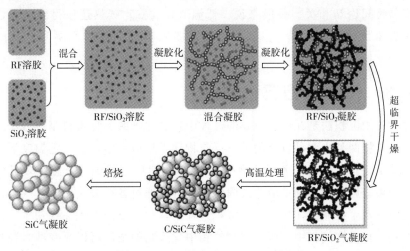

●氧化硅溶胶；●RF 溶胶；○氧化硅凝胶；●RF 凝胶；●游离碳；○SiC

图 2-22 RF/SiO₂ 气凝胶转化为 SiC 的实验过程示意图[53]

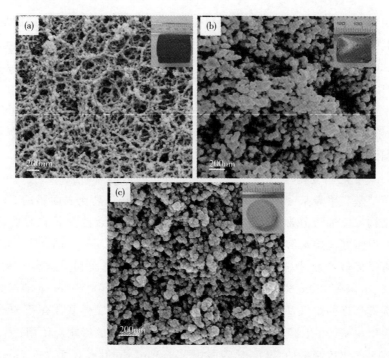

图 2-23   (a) RF/SiO$_2$ 气凝胶、(b) C/SiC 干凝胶
以及 (c) 得到的碳化硅的扫描电镜照片[53]

此外，将具有三维网络状结构的氧化硅气凝胶用聚丙烯腈涂层后进行碳热还原也可以得到多孔 SiC[54]。虽然经过了碳化和碳热还原等过程，但凝胶的三维网络结构仍然能够得到保留。SiC 的体积收缩、孔隙率和比表面积的变化与热处理的温度和时间密切相关。一般来说，低温（1200℃）碳热还原得到的 SiC 产率低，比表面积较高；高温（1600℃）碳热还原得到的 SiC 产率高，但比表面积低。

2.3   化学气相沉积法

化学气相沉积法是在制备薄膜的过程中发展起来的一种材料制备方法，其基本过程是：将两种或两种以上的气态反应物导入反应室中，在一定温度下气体之间相互发生化学反应，产生新的物质（材料），然后沉积到一个温度较低的基体表面。如果起始的反应物是液体或固体，也可以通过各种方法先使其气化，然后导入反应室发生反应。在化学气相沉积过程中，化学反应发生在气相中，新材料的成核和生长也在气相中，所以控制气相中反应物的浓度可以改变纳米颗粒的尺寸大小。众所周知，随着颗粒尺寸减小，其表面积会迅速增大。因此，这种方法很早就被用来制备高比表面积的 SiC 纳米颗粒。

早在 20 世纪 80 年代，研究者们就已经以四甲基硅烷为前驱体在管式炉中通过高温化学气相沉积法制备 SiC，得到的 β-SiC 比表面积近 50m²/g[55]。此外，采用激光或等离子体辅助的化学气相沉积法也用于制备立方相 SiC 纳米晶[56~60]。化学气相沉积使用的反应物一般为容易气化的含硅化合物（如硅烷或氯代硅烷等），以及碳氢化合物（如甲烷、乙炔、乙烯等）。Chorley 和 Lednor 在早期的综述文章中详细地总结了这种合成方法[61]。

在 20 世纪 90 年代，Moene 等人提出了一种改进的化学气相沉积方法，可制备高比表面积 SiC[62~64]。在这种方法中，作者使用氢气将有机硅前驱体，如四氯化硅（SiCl₄），带到放置活性炭的高温反应器中（约 1380K），发生反应形成高表面积碳化硅。总反应如方程（2-8）所示，具体可能包括方程（2-9）和方程（2-10）两个步骤，即氢气先与碳反应形成甲烷，后者再在活性炭的孔道内与硅前驱体反应形成碳化硅。在活性炭上负载少量镍作为催化剂，可以显著提高碳化硅的收率。用这种方法得到的 SiC，既有中孔也有大孔，比表面积在 25~80m²/g 之间，在氟化氢水溶液和沸腾的硝酸溶液中表现出良好的稳定性[62]。

$$SiCl_4(g) + C(s) + 2H_2(g) \longrightarrow SiC(s) + 4HCl(g) \tag{2-8}$$

$$C(s) + 2H_2(g) \longrightarrow CH_4(g) \tag{2-9}$$

$$SiCl_4(g) + CH_4(g) \longrightarrow SiC(s) + 4HCl(g) \tag{2-10}$$

Tu 等人直接以 SiCl₄ 和 CH₄ 为反应前驱体，通过化学气相沉积制备纳米 SiC，发现前驱物中 Si 和 C 的比例会显著影响产物的组成[65]。C/Si 比例在 0.86~1.00 之间时，可得到化学计量比的 SiC，缺陷密度较低。目前，以氯化物为前驱体制备 SiC 的方法已经得到了广泛应用，尤其是在电子行业制备外延生长 SiC 晶片[66]。但是，这种方法存在明显的缺陷，比如反应过程中产生大量腐蚀性或有毒气体，产物的形貌和尺寸很难控制等。

随着纳米材料的兴起，化学气相沉积法在纳米材料制备过程中的应用越来越广泛，尤其是结合其他过程的化学气相沉积法也被广泛用于制备高比表面积的纳米 SiC。这些方法得到的 SiC 一般为纳米颗粒，或者是由纳米颗粒团聚形成的材料。刘马林等采用流化床化学气相沉积法制备了单分散的 SiC 纳米颗粒[67]。他们以六甲基二硅烷为前驱体，采用水浴加热到 80℃，由氩气带入反应区，在氢气和氩气的混合气氛中发生热解，得到不同颗粒尺寸的纳米 SiC，比表面积在 100m²/g 左右，如图 2-24 所示。

热丝（hot wire 或 hot filament）化学气相沉积法，采用高温热丝分解气态前驱物，通过控制前驱体组分比例和热丝温度，可调节纳米颗粒的尺寸大小。Kamble 等采用热丝化学气相沉积法，以硅烷（SiH₄）、甲烷（CH₄）和 H₂ 的混合物为反应物，制备了不同尺寸的 SiC 纳米颗粒[68]。改变 H₂ 在反应混合物中的

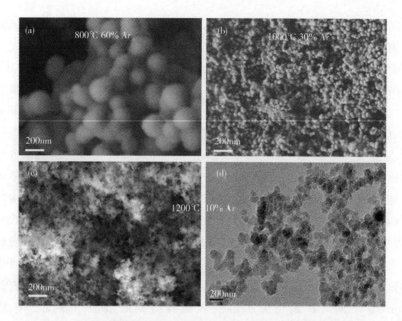

图 2-24 不同温度和气相组成条件下得到的碳化硅颗粒[67]

比例，可以调节沉积速率、碳化硅颗粒大小以及 SiC 颗粒表面的 C—H 和 Si—H 键。等离子体增强的化学气相沉积法（plasma enhanced CVD），借助微波或射频等使前驱物气体电离，在局部形成等离子体。由于等离子体化学活性很高，很容易发生反应，因此可快速得到大量的纳米颗粒。Perný 等以 SiH_4、NH_3、CH_4、Ar 为前驱物，采用等离子体增强化学气相沉积法制备了无定形的 $SiC^{[69]}$。Zhang 等人采用同样的方法处理 CH_4，先在硅基体上沉积金刚石纳米颗粒，然后再在高温（1200℃）下处理，得到了生长在硅基体上的 SiC 纳米线[70]。

值得指出的是，化学气相沉积法常用来制备 SiC 薄膜[66]。用这种方法制备出来的 SiC 多为纳米颗粒，比表面积不是很高。

2.4 硅烷及聚碳硅烷热解法

聚碳硅烷是工业上制备 SiC 纤维的主要原料。在介绍模板法时介绍过，在介孔氧化硅模板表面热解聚碳硅烷，可得到孔道排列有序的 SiC。实际上，人们很早就发现，在惰性气氛下直接加热聚碳硅烷使其分解，就可以得到高比表面积的 SiC。

20 世纪 80 年代，White 等将聚碳硅烷通过水解等过程制备成干凝胶，然后在氩气气氛中加热。在加热过程中，凝胶先分解产生氧化硅和碳，两者在高温（约 1500℃）下发生碳热还原反应生成 SiC。整个过程只用到聚碳硅烷一种反应前驱物，不需要加入金属催化剂，在不同水解和热解条件下得到的粗产物比表面

积介于 $200\mathrm{m}^2/\mathrm{g}$ 到 $800\mathrm{m}^2/\mathrm{g}$ 之间，经过除 Si 和除 C 处理后，得到的纯碳化硅比表面积也在 $50\sim200\mathrm{m}^2/\mathrm{g}$ 之间[71,72]。

Pol 等人在较低温度下（1000℃）裂解三乙基硅烷前驱体，制备了 SiC 纳米颗粒，反应方程式如下：

$$C_6H_{16}Si \longrightarrow SiC(s) + nH_2(g) + 烃类(g) \tag{2-11}$$

产物 SiC 颗粒直径约 $6\sim12\mathrm{nm}$，比表面积为 $149\mathrm{m}^2/\mathrm{g}$，孔体积为 $0.683\mathrm{cm}^3/\mathrm{g}$[73]。该课题组还采用商业硅油为前驱体，在 800℃ 下热解制备得到 β-SiC 纳米棒，比表面积高达 $563\mathrm{m}^2/\mathrm{g}$，如图 2-25 所示[74]。

图 2-25　硅油热解得到的 β-SiC 纳米棒[74]

自组装的聚碳硅烷和聚苯乙烯嵌段共聚物也被用来制备高比表面积介孔 SiC[75]。该共聚物在 N_2 气氛下 800℃ 即可发生分解，得到的产物具有非常高的比表面积（$1325\mathrm{m}^2/\mathrm{g}$），双孔道结构，孔径分别约为 2nm 和 7.8nm。在空气中高温退火后，得到的 SiC 仍然具有有序的介孔结构和高的比表面积，平均孔径为 4.1nm，比表面积为 $795\mathrm{m}^2/\mathrm{g}$。作者认为，比表面积减小以及孔结构变化是由于高温退火过程中微孔消失以及多余碳燃烧引起的体积收缩。

2.5　溶剂热还原法

SiC 的制备温度较高，通常在 1000℃ 以上。2006 年钱逸泰等人报道了一种新颖的镁催化还原方法，可以在相对较低温度下（600℃）实现纳米 SiC 的规模化制备[76]。在这种方法中，金属镁不仅是还原剂，同时也是催化剂。当超临界流体 $SiCl_4$ 和 2-乙氧基乙醇接触到金属镁的液滴时，会分别被还原成 Si 原子和 C 原子。这些 C 原子和 Si 原子溶解在镁液滴中，通过化学反应形成 SiC 从液滴中析出。其中涉及的化学反应如下面方程式所示：

$$C_2H_5OCH_2CH_2OH(g) + 2Mg(l) \longrightarrow 4C(s) + 2MgO(s) + 5H_2(g) \tag{2-12}$$

$$SiCl_4(g)+2Mg(l)\longrightarrow Si(s)+2MgCl_2(g) \tag{2-13}$$

$$Si+C\longrightarrow SiC \tag{2-14}$$

通过调整反应物（$SiCl_4$ 和 2-乙氧基乙醇）的浓度，可以制备出不同形貌的纳米 SiC。

Shi 等人通过镁热还原方法制备了一种有序的分级多孔 SiC 材料[77]。他们先采用商业名称为 Pluronic F127 的嵌段共聚物和聚苯乙烯微球为双模板制备了 SiO_2/C 复合物，然后将复合物与镁粉混合密封在铁管中，在 700℃ 下热处理 12h。采用这种方法制备的 SiC 具有规则有序的大孔-介孔分级孔结构和高的比表面积（约 410m^2/g）。图 2-26 为不同反应阶段产物的扫描和透射电镜照片，可以看出 SiC 较好地保持了 SiO_2 模板的多孔结构[77]。采用相似的方法，人们以不同的分子筛为前驱物制备了 SiO_2/C 复合物，通过低温镁热还原得到了介孔的 SiC 材料，比表面积约 300m^2/g[78,79]。镁热还原制备介孔 SiC 的过程可用图 2-27 表示[78]。这种方法中，低的反应温度是保持 SiC 介孔结构的重要因素。

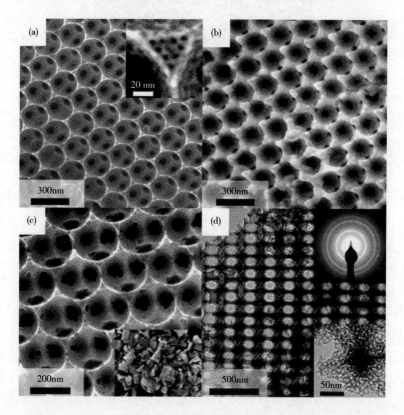

图 2-26　不同反应阶段产物的扫描和透射电镜照片

(a) 有序多孔结构的 SiO_2/C 前体；(b) 未除去 MgO 的初产物；(c) SiC 产物的 SEM 照片
(插图光学照片可看出产品的颜色)；(d) SiC 产物的 TEM 照片和电子衍射图斑

金属钠也可以作为还原剂，在较低温度下制备碳化硅。钱逸泰课题组以活性炭和 $SiCl_4$ 为原料，采用金属钠作为还原剂在 600℃反应，得到了碳化硅纳米颗粒[80]。在该过程中，首先 $SiCl_4$ 被钠还原得到硅颗粒，然后与活性炭反应即可得到碳化硅，反应方程如下所示：

$$SiCl_4(g) + 4Na(l) \longrightarrow Si(s) + 4NaCl(g) \tag{2-15}$$

$$C(s) + Si(s) \longrightarrow SiC(s) \tag{2-16}$$

裴性天课题组采用 NaH 分解得到的金属钠还原甲基氯硅烷（Me_2SiCl_2 和 $MeSiCl_3$）制备了纳米结构的碳化硅，包括纳米立方体和颗粒等[81]。图 2-28 是该反应过程的示意图。由图中可以看

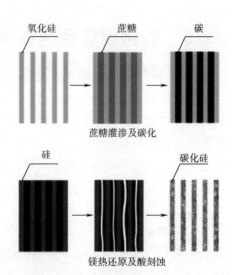

图 2-27　镁热还原制备介孔 SiC 过程的示意图[78]

出，在较低的温度下 NaH 就会发生热解，形成的 Na 液滴与甲基氯硅烷反应，得到聚碳硅烷和氯化钠的混合物。由于气液界面作用不同会形成两种不同的前驱体Ⅰ和Ⅱ。在前驱体Ⅰ中，聚碳硅烷具有线型结构，可弯曲缠绕在 NaCl 晶体的表面，因而脱除 NaCl 后得到的 SiC 为立方笼状结构。而在前驱Ⅱ中，形成的聚碳硅烷具有立体交联网络结构，与 NaCl 晶体独立存在，因此得到的产物为颗粒状碳化硅。但是这些文章中均没有报道所得到碳化硅的比表面积。

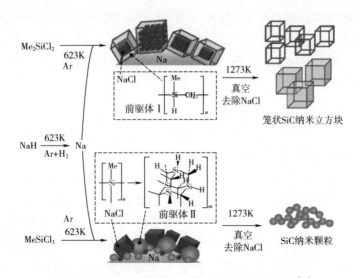

图 2-28　钠还原制备纳米不同形貌 SiC 的示意图[81]

2.6　碳化硅复合型载体的制备方法

2.6.1　碳化硅衍生碳

活性炭作为催化剂载体已经用在许多工业催化过程中，最主要的例子就是钯碳和铂碳催化剂。由于钯和铂很容易活化氧气，而碳载体又容易燃烧，这些催化剂在运输过程中通常要保持 50%～70% 的水分。将化学性质非常稳定的 SiC 和碳结合起来作为载体，则有可能提高催化剂的抗燃烧性能。研究人员开发了一种以商业化低比表面积 SiC 为基体的表面碳化法，用于获得比表面积大于 $100m^2/g$ 的表面碳层。这种表面碳层通常称作 SiC 衍生碳（SiC-derived carbon）。严格地说，这种材料是一种 SiC 和碳的复合物。但是由于表面碳层很薄，这种材料在作催化剂载体时也会具有一些类似 SiC 的性能，因此我们在此也作一些简单的介绍。详细内容读者可参看相关的综述，如王周君等发表在《化学进展》上的文章[82]。

SiC 衍生碳通常采用 SiC 和氯气（Cl_2）反应得到。高温下，SiC 表面的 Si 与 Cl_2 反应形成气相的 $SiCl_4$，而 SiC 表面的碳组分则被保留下来形成表面碳层。在这种 SiC 衍生碳层材料中，表面碳层与 SiC 基底之间具有较强的界面相互作用，因而与气相沉积的碳在性能上存在明显差异。与活性炭等相比，SiC 衍生碳层有 SiC 基底做支撑，具有更好的机械强度和抗燃烧性能。

包信和课题组以 CCl_4 为抽提气体，利用商业化的低比表面积碳化硅为基底，制备出了比表面积大于 $100m^2/g$ 的 SiC 衍生碳材料，发现这种材料作为多相催化剂载体具有许多优势[83,84]。例如，这种材料的孔道结构和化学组成可以通过改变表面碳化时的反应温度和抽提气体进行调变。以这种材料为载体的催化剂，在一些催化反应中表现出了异常突出的催化活性和稳定性。另外，该课题组还对 SiC 单晶在超高真空条件下表面重构、SiC 表面与金属相互作用，以及 SiC 表面功能化进行了系统而深入的研究[85,86]。

2.6.2　分子筛/碳化硅复合物

分子筛是一种人工合成的水合硅铝酸盐，由于其孔道排列有序且孔尺寸大小可以在一定范围内调节，因此在多相催化中应用非常广泛。但是，分子筛本身的热传导性能较差，如果发生在分子筛孔道中的化学反应放热比较强烈的话，容易导致分子筛局部温度迅速升高，破坏分子筛骨架结构等。另外，分子筛中的孔道长度对反应产物的选择性也有重要影响。大晶粒的分子筛孔道比较长，反应物在孔道中容易发生多次反应，导致目标产物的选择性降低。小晶粒的分子筛虽然可以减少副反应，提高产物选择性，但是又会造成催化剂床层阻力增加、压差过大。

　　将分子筛和 SiC 通过一定方法复合起来，有望提高分子筛催化剂的性能。Ivanova 等将 SiC 预成型体浸泡在分子筛前驱体溶液中，然后再经过水热处理，在 SiC 泡沫陶瓷表面形成了均匀的分子筛涂层[87]。当溶胶（50mL）中的四丙基氢氧化铵（$C_{12}H_{29}NO$，TPAOH）、正硅酸乙酯 [Si（OC_2H_5）$_4$，TEOS]、氯化钠（NaCl）、偏铝酸钠（$NaAlO_2$）和水的比例为 2.16∶5.62∶3.43∶0.13∶1000 时，浸入 5g 泡沫 SiC，密封后先在室温下老化 4h，然后加热到 440K，保持 48h。固体经过洗涤后，在空气中加热到 773K 除去模板剂，即可得到 ZSM-5 分子筛/SiC 复合物。上面过程重复两次以后，复合物中分子筛的质量分数约为 30%，平均粒径约 1μm。改变实验条件，还可以调节 SiC 基底上分子筛的形貌和晶粒尺寸[88]。

　　郭向云课题组以高粱为模板制备的大孔 SiC 颗粒为基底，分子筛前驱体溶胶中 TEOS、TPAOH、NaOH、$NaAlO_2$ 及水的比例为 1∶0.25∶0.15∶0.03∶300，采用类似的水热处理方法，在大孔的具有生物质形貌的 SiC 基底表面涂覆了一层 ZSM-5 分子筛[89]。这种复合物是一种具有分级孔结构的多孔材料，既有类似生物质的、互相连通的大孔，同时也具有分子筛的规整微孔（图 2-29 和图 2-30）。另外，将纳米尺寸的 SiC 颗粒分散到分子筛前驱体溶胶中，经水热处理还可以得到 SiC 掺杂的介孔分子筛材料，其水热稳定性可明显提高[90]。

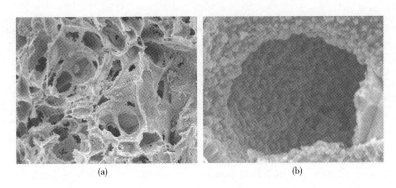

(a)　　　　　　　　　　　　　(b)

图 2-29　ZSM-5/分子筛-SiC 复合物的低倍数（a）和高倍数（b）扫描电镜照片

　　张劲松课题组在泡沫 SiC 陶瓷基底上制备了形貌和硅/铝比可调的 ZSM-5 涂层，并将这种 ZSM-5/SiC 用于甲醇制丙烯的催化剂，发现这种复合型催化剂和单独 ZSM-5 相比，不仅丙烯选择性高，而且催化性能更稳定[91]。

　　由于高比表面积碳化硅具有广阔的应用前景，因此人们在实验室发展出了各种各样的制备方法。目前，只有以活性炭为模板的形状记忆合成方法，以及以碳硅二元凝胶为前驱体的碳热还原法在规模制备高比表面积碳化硅方面取得了比较大的进展。

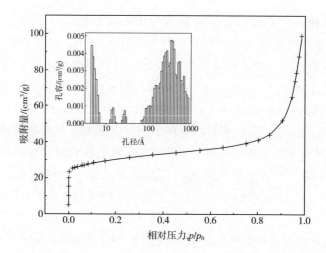

图 2-30　ZSM-5/分子筛-SiC 复合物的 N_2 吸附等温线和孔分布（插图）

参考文献

[1] Pham-Huu C, Keller N, Ehret G, Ledoux M J. The first preparation of silicon carbide nanotubes by shape memory synthesis and their catalytic potential. J Catal, 2001, 200: 400-410.

[2] Ledoux M J, Pham-Huu C. Silicon carbide: a novel catalyst support for heterogeneous catalysis. CATTECH, 2001, 5(4): 226-246.

[3] Ledoux M J, Hantzer S, Pham-Huu C, Guille J, Desaneaux M P. New synthesis and uses of high-specific-surface SiC as a catalytic support that is chemically inert and has high thermal resistance. J Catal, 1988, 114: 176-185.

[4] Ledoux M J, Pham-Huu C. High specific surface area carbides of silicon and transition metals for catalysis. Catal Today, 1992, 15: 263-284.

[5] Keller N, Pham-Huu C, Roy S, Ledoux M J, Estournes C, Guille J. Influence of the preparation conditions on the synthesis of hig surface area SiC for use as a heterogeneous catalyst support. J Mater Sci, 1999, 34: 3189-3202.

[6] Qian J M, Wang J P, Qiao G J, Jin Z H. Preparation of porous SiC ceramic with a woodlike microstructure by sol-gel and carbothermal reduction processing. J Eur Ceram Soc, 2004, 24: 3251-3259.

[7] Qian J M, Wang J P, Jin Z H. Preparation of biomorphic SiC ceramic by carbothermal reduction of oak wood charcoal. Mater Sci Eng A, 2004, 371: 229-235.

[8] Rambo C R, Cao J, Rusina O, Sieber H. Manufacturing of biomorphic (Si, Ti, Zr)-carbide ceramics by sol-gel processing. Carbon, 2005, 43: 1174-1183.

[9] Shin Y, Wang C M, Samuels W D, Exarhos G J. Synthesis of SiC nanorods from bleached wood pulp. Mater Lett, 2007, 61: 2814-2817.

[10] Sieber H, Hoffmann C, Kaindl A, Greil P. Biomorphic cellular ceramics. Adv Eng Mater, 2000, 2(3): 105-109.

[11] 钱军民, 王继平, 金志浩. 液相渗入-反应法制备木材结构 SiC 的研究, 稀有金属材料与工程, 2004, 33(10): 1065-1068.

[12]Wang Q,Jin G Q,Wang D H,Guo X Y.Biomorphic porous silicon carbide prepared from carbonized mil-let.Mater Sci Eng A,2007,459:1-6.

[13]王庆,王冬华,靳国强,郭向云.具有高粱微观结构多孔 SiC 的制备与表征.无机化学学报,2008,23(3):602-606.

[14]Wang Q,Wang D H,Jin G Q,Wang Y Y,Guo X Y.Biomorphic SiC from lotus root.Particuology,2009,7:199-203.

[15]Vogli E,Sieber H,Greil P.Biomorphic SiC-ceramic prepared by Si-vapor phase infiltration of wood.J Eur Ceram Soc,2002,22:2663-2668.

[16]Qian J M,Wang J P,Jin Z H.Preparation and properties of porous microcellular SiC ceramics by reactive infiltration of Si vapor into carbonized basswood.Mater Chem Phys,2003,82:648-653.

[17]Kim J W,Myoung S W,Kim H C,Lee J H,Jung Y G,Jo G Y.Synthesis of SiC microtubes with radial morphology using biomorphic carbon template.Mater Sci Eng A,2006,434:171-177.

[18]Qian J M,Wang J P,Hou G Y,Qiao G J,Jin Z H.Preparation and characterization of biomorphic SiC hol-low fibers from wood by chemical vapor infiltration.Scripta Mater,2005,53:1363-1368.

[19]Streitwieser D A,Popovska N,Gerhard H,Emig G.Application of chemical vapor infiltration and reaction (CVI-R) technique for the preparation of high porous biomorphic SiC ceramics derived from paper.J Eur Ceram Soc,2005,6:817-828.

[20]Liu Z C,Shen W H,Bu W B,Chen H R,Hua Z L,Zhang L X,Li L,Shi J L,Tan S H.Low-temperature formation of nanocrystalline β-SiC with high surface area and mesoporosity via reaction of mesoporous carbon and silicon powder.Micropor Mesopor Mater,2005,82:137-145.

[21]Yuan X Y,Lü J W,Yan X B,Hua L T,Xue Q J.Preparation of ordered mesoporous silicon carbide mono-liths via preceramic polymer nanocasting.Micropor Mesopor Mater,2011,142:754-758.

[22]Wu X Y,Jin G Q,Guan L X,Cao H,Guo X Y.Preparation and characterization of core-shell structured α-Fe_2O_3/SiC spheres.Mater Sci Eng A,2006,433:190-194.

[23]王庆.生物形态碳化硅的合成与应用.太原:中国科学院山西煤炭化学研究所,2007.

[24]Sung I K,Yoon S B,Yu J S,Kim D P.Fabrication of macroporous SiC from templated preceramic poly-mers.Chem Commun,2002,1480-4181.

[25]Noh S C,Lee S Y,Kim S,Yoon S H,Shul Y G,Jung K D.Synthesis of thermally stable porous SiC hollow spheres and control of the shell thickness.Micropor Mesopor Mater,2014,199:11-17.

[26]Park K H,Sung I K,Kim D P.A facile route to prepare high surface area mesoporous SiC from SiO_2 sphere templates.J Mater Chem,2004,14:3436-3439.

[27]Alekseev S A,Korytko D M,Gryn S V,Iablokov V,Khainakova O A,Garcia-Granda S,Kruse N.Silicon carbide with uniformly sized spherical mesopores from butoxylated silica nanoparticles template.J Phys Chem C,2014,118:23745-23750.

[28]Parmentier J,Patarina J,Dentzerb J,Vix-Guterlb C.Formation of SiC via carbothermal reduction of a car-bon-containing mesoporous MCM-48 silica phase:a new route to produce high surface area SiC.Ceram Int,2002,28:1-7.

[29]Lu A H,Schmidt W,Kiefer W,Schuth F.High surface area mesoporous SiC synthesized via nanocasting and carbothermal reduction process.J Mater Sci,2005,40(18):5091-5093.

[30]Yang Z X,Xia Y D,Mokaya R.High surface area silicon carbide whiskers and nanotubes nanocast using mesoporous silica.Chem Mater,2004,16:3877-3884.

[31]Wang K,Yao J F,Wang H T,Cheng Y B.Effect of seeding on formation of silicon carbide nanostructures from mesoporous silica-carbon nanocomposites.Nanotechnology,2008,19:175605.

[32]Sonnenburg K,Adelhelm P,Antonietti M,Smarsly B,Noske R,Strauch P.Synthesis and characterization of SiC materials with hierarchical porosity obtained by replication techniques.Phys Chem Chem Phys,2006,8:3561-3566.

[33]Shi Y F,Meng Y,Chen D H,Cheng S J,Chen P,Yang H F,Wan Y,Zhao D Y.Highly ordered mesoporous silicon carbide ceramics with large surface areas and high stability.Adv Funct Mater,2006,16:561-567.

[34]Krawiec P,Schrage C,Kockrick E,Kaskel S.Tubular and rodlike ordered mesoporous silicon (oxy)carbide ceramics and their structural transformations.Chem Mater,2008,20:5421-5433.

[35]Krawiec P,Geigerb D,Kaskel S.Ordered mesoporous silicon carbide (OM-SiC) via polymer precursor nanocasting.Chem Commun,2006:2469-2470.

[36]Wang J C,Oschatz M,Biemelt T,Lohe M R,Borchardt L,Kaskel S.Preparation of cubic ordered mesoporous silicon carbide monoliths by pressure assisted preceramic polymer nanocasting.Micropor Mesopor Mater,2013,168:142-147.

[37]Vix-Guterl C,McEnaney B,Ehrburger P.SiC material produced by carbothermal reduction of a freeze gel silica-carbon artifact.J Eur Ceram Soc,1999,19:427-432.

[38]Jin G Q,Guo X Y.Synthesis and characterization of mesoporous silicon carbide.Micropor Mesopor Mater,2003,60:207-212.

[39]Guo X Y,Jin G Q,Hao J.Morphology-controlled synthesis of nanostructured silicon carbide.Mater Res Soc Symp Proc,2004,815:77-82.

[40]Guo X Y,Jin G Q.Pore-size control in the sol-gel synthesis of mesoporous silicon carbide.J Mater Sci,2005,40:1301-1303.

[41]武向阳,靳国强,郭向云.溶胶-凝胶中 Fe 催化剂用量对 β-SiC 堆积缺陷和形貌的影响.新型碳材料,2005,20(4):324-328.

[42]王冬华,靳国强,郭向云.前驱体凝胶中催化剂含量对碳化硅结构和性能的影响.无机化学学报,2009,25(5):794-798

[43]詹瑛瑛,蔡国辉,郑勇,沈小女,郑瑛,魏可镁.高比表面 SiC 的合成及其在 CO 氧化反应中的应用.物理化学学报,2008,24(1):171- 175.

[44]Shen X N,Zheng Y,Zhan Y Y,Cai G H,Xiao Y H.Synthesis of porous SiC and application in the CO oxidation reaction.Mater Lett,2007,61:4766-4768.

[45]Wang D H,Fu X,Jin G Q,Guo X Y.The role of polymethylhydrosiloxane in the sol-gel synthesis of high surface area porous silicon carbide.Int J Mater Res,2011,102(11):1408-1414.

[46]蔡国辉,郑瑛,郑勇,肖益鸿,魏可镁.以淀粉为碳源碳热还原法合成多孔高比表面积 β-SiC.功能材料,2009,40(11):1847-1849.

[47]Hao J Y,WangY Y,Tong X L,Jin G Q,Guo X Y.SiC nanomaterials with different morphologies for photocatalytic hydrogen production under visible light irradiation.Catal Today,2013,212:220-224.

[48]郝雅娟.纳米碳化硅材料的制备、表征及应用.太原:中国科学院山西煤炭化学研究所,2007.

[49]王冬华.凝胶前驱体对碳化硅结构和形貌的影响.太原:中国科学院山西煤炭化学研究所,2009.

[50]Gupta P,Wang W,Fan L S.Synthesis of high-surface-area SiC through a modified sol-gel route:control of the pore structure.Ind Eng Chem Res,2004,43:4732-4739.

[51]Xu J,Liu Y M,Xue B,Li Y X,Cao Y,Fan K N.A hybrid sol-gel synthesis of mesostructured SiC with tunable porosity and its application as a support for propane oxidative dehydrogenation.Phys Chem Chem Phys,2011,13:10111-10118.

[52]Kong Y,Zhong Y,Shen X D,Gu L H,Cui S,Yang M.Synthesis of monolithic mesoporous silicon carbide from resorcinol-formaldehyde/silica composites.Mater Lett,2013,99:108-110.

[53]Kong Y,Shen X D,Cui S,Fan M H.Preparation of monolith SiC aerogel with high surface area and large pore volume and the structural evolution during the preparation.Ceram Int,2014,40:8265-8271.

[54]Leventis N,Sadekar A,Chandrasekaran N,Sotiriou-Leventis C.Click synthesis of monolithic silicon carbide aerogels from polyacrylonitrile-coated 3D silica networks.Chem Mater,2010,22:2790-2803.

[55]Vannice M A,Chao Y L,Friedman R M.The Preparation and use of high surface area silicon carbide catalyst support.Appl Catal,1986,20:91-107.

[56]Cauchetier M,Croix O,Luce M,Michon M,Paris J,Tistchenko S.Laser synthesis of ultrafine powders.Ceram Int,1987,13:13-17.

[57]Kamlag Y,Goossensb A,Colbecka I,Schoonman J.Laser CVD of cubic SiC nanocrystals.Appl Surf Sci,2001,184:118-122.

[58]Okuyama M,Gamey G J,Ring T A,Haggerty J S.Dispersion of silicon carbide powders in nonaqueous solvents.J Am Ceram Soc,1989,72:1918-1924.

[59]Hollabaugh C M,Hull D E,Newkirk L R,Petrovic J.rfplasma system for the production of ultrafine,ultrapure silicon carbide powder.J Mater Sci,1983,18:3190-3194.

[60]Hojo J,Miyachi K,Okabe Y,Kato A.Effect of chemical composition on the sinterability of ultrafine SiC powders.J Am Ceram Soc,1983,66:C114-C115.

[61]Chorley R W,Lednor P W.Synthetic routes to high surface area non-oxide materials.Adv Mater,1991,3:474-485.

[62]Moene R,Kramer L F,Schoonman J,Makkee M,Moulijin J A.Synthesis of high surface area silicon carbide by fluidized bed chemical vapour deposition.Appl Catal A,1997,162:181-191.

[63]Moene R,Tazelaar F W,Makkee M,Moulijin J A.Nickel-catalyzed conversion of activated carbon extrudates into high surface area silicon carbide by reactive chemical vapour deposition.J Catal,1997,170:311-324.

[64]Moene R,Makkee M,Moulijin J A.Novel application of catalysis in the synthesis of catalysts.Catal Lett,1995,34:285-291.

[65]Tu R,Zheng D H,Cheng H,Hu M W,Zhang S,Han M X,Goto T,Zhang L M.Effect of CH$_4$/SiCl$_4$ ratio on the composition and microstructure of <110>-oriented β-SiC bulks by halide CVD.J Euro Ceram Soc,2017,37:1217-1223.

[66]Pedersen H,Leone S,Kordina O,Henry A,Nishizawa S,Koshka Y,Janzén E.Chloride-based CVD growth of silicon carbide for electronic applications.Chem Rev,2012,112:2434-2453.

[67]Liu R Z,Liu M L,Chang J X.Large-scale synthesis of monodisperse SiC nanoparticles with adjustable size,stoichiometric ratio and properties by fluidized bed chemical vapor deposition.J Nanopart Res,2017,19:26.

[68]Kamble M,Waman V,Mayabadi A,Funde A,Sathe V,Shripathi T,Pathan H,Jadkar S.Synthesis of cubic nanocrystalline silicon carbide (3C-SiC) films by HW-CVD method.Silicon,2017,9:421-429.

[69]Perný M,Mikolášek M,Šály V,Ružinský M,Durman V,Pavúk M,Huran J,Országh J,Matejcík Š.Behav-

iour of amorphous silicon carbide in Au/α-SiC/Si heterostructures prepared by PECVD technology using two different RF modes.Appl Surf Sci,2013,269:143-147.

[70]Zhang E L,Wang G S,Long X Z,Wang Z M.Synthesis and photoluminescence property of silicon carbide nanowires thin film by HF-PECVD system.Bull Mater Sci,2014,37:1249-1253.

[71]White D A,Oleff S M,Boyer R D,Budinger P A,Fox J R.Preparation of silicon carbide from organosilicon gels:Ⅰ,synthesis and characterization of precursor gels.Adv Ceram Mater,1987,2(1):45-52.

[72]White D A,Oleff S M,Fox J R.Preparation of silicon carbide from organosilicon gels:Ⅱ,gel pyrolysis and SiC characterization.Adv Ceram Mater,1987,2(1):53-59.

[73]Pol V G,Pol S V,Gedanken A.Novel synthesis of high surface area silicon carbide by RAPET (reactions under autogenic pressure at elevated temperature) of organosilanes.Chem Mater,2005,17:1797-1802.

[74]Pol V G,Pol S V,Gedanken A,Lim S H,Zhong Z,Lin J.Thermal decomposition of commercial silicone oil to produce high yield high surface area SiC nanorods.J Phys Chem B,2006,110:11237-11240.

[75]Nghiem Q D,Kim D P.Direct preparation of high surface area mesoporous SiC-based ceramic by pyrolysis of a self-assembled polycarbosilane-block-polystyrene diblock copolymer. Chem Mater, 2008, 20:3735-3739.

[76]Xi G C,Liu Y K,Liu X Y,Wang X Q,Qian Y T.Mg-catalyzed autoclave synthesis of aligned silicon carbide nanostructures.J Phys Chem B,2006,110:14172-14178.

[77]Shi Y F,Zhang F,Hu Y S,Sun X H,Zhang Y C,Lee H I,Chen L Q,Stucky G D.Low-temperature pseudomorphic transformation of ordered hierarchical macro-mesoporous SiO_2/C nanocomposite to SiC via magnesiothermic reduction.J Am Chem Soc,2010,132:5552-5553.

[78]Zhao B,Zhang H J,Tao H H,Tan Z J,Jiao Z,Wu M H.Low temperature synthesis of mesoporous silicon carbide via magnesiothermic reduction.Mater Lett,2011,65:1552-1555.

[79]Saeedifar Z,Nourbakhsh A A,Kalbasi R J,Karamian E.Low-temperature magnesiothermic synthesis of mesoporous silicon carbide from an MCM-48/polyacrylamide nanocomposite precursor.J Mater Sci Technol,2013,29(3):255-260.

[80]Hu J Q,Lu Q Y,Tang K B,Qian Y T,Zhou G E,Liu X M,Wu J X.A new rapid reduction-carbonization route to nanocrystalline β-SiC.Chem Mater,1999,11:2369-2371.

[81]Wang C H,Chang Y H,Yen M Y,Peng C W,Lee C Y,Chiu H T.Synthesis of silicon carbide nanostructures via a simplified Yajima process——reaction at the vapor-liquid interfaces.Adv Mater,2005,17(4):419-422.

[82]王周君,傅强,包信和.新型催化剂载体碳化硅的研究进展.化学进展,2014,26(4):502-511.

[83]Zhou Y H,Li X Y,Pan X L,Bao X H.A highly active and stable Pd-TiO_2/CDC-SiC catalyst for hydrogenation of 4-carboxybenzaldehyde.J Mater Chem,2012,22(28):14155-14159.

[84]Li X Y,Pan X L,Zhou Y H,Bao X H.Modulation of the textures and chemical nature of C-SiC as the support of Pd for liquid phase hydrogenation.Carbon,2013,57:34-41.

[85]Wang Z J,Fu Q,Wang Z,Bao X H.Growth and characterization of Au,Ni and Au-Ni nanoclusters on 6H-SiC(0001) carbon nanomesh.Surf Sci,2012,606:1313-1322.

[86]Wang Z J,Wei M,Jin L,Ning Y,Yu L,Bao X H.Simultaneous N-intercalation and N-doping of epitaxial graphene on 6H-SiC(0001) through thermal reactions with ammonia.Nano Research,2013,6:399-408.

[87]Ivanova S,Louis B,Madani B,Tessonnier J P,Ledoux M J,Pham-Huu C.ZSM-5 coatings on beta-SiC monoliths:Possible new structured catalyst for the methanol-to-olefins process.J Phys Chem C,2007,

111:4368-4374.

[88]Ivanova S,Louis B,Ledoux M J,Pham-Huu C.Autoassembly of nanofibrous zeolite crystals via silicon carbide substrate self-transformation.J Am Chem Soc,2007,129:3383-3391.

[89]Wang Y Y,Jin G Q,Guo X Y.Growth of ZSM-5 coating on biomorphic porous silicon carbide derived from durra.Micropor Mesopor Mater,2009,118:302-306.

[90]Wang Y Y,Jin G Q,Tong X L,Guo X Y.SiC-dopped MCM-41 materials with enhanced thermal and hydrothermal stabilities.Mater Res Bull,2011,46:2187-2190.

[91]Jiao Y L,Jiang C H,Yang Z M,Zhang J S.Controllable synthesis of ZSM-5 coatings on SiC foam support for MTP application.Micropor Mesopor Mater,2012,162:152-158.

第 3 章

高比表面积碳化硅作为多相催化剂载体

催化在国民经济中发挥了非常巨大的作用，化工过程中 90％以上都涉及催化，其中绝大多数是多相催化。催化剂在化学反应过程中，通过改变反应物的反应途径，降低反应过程的活化能，从而提高反应物的转化率和目标产物的选择性。负载型催化剂是一类重要的多相催化剂，由载体和分散在载体上的活性组分组成。载体，也称担体，通常是化学性质比较稳定、比表面积较高的固体材料，如氧化铝、氧化硅、活性炭等。活性组分通常是尺寸非常小的金属或金属氧化物颗粒。在催化过程中，化学反应主要发生在活性组分上，但是载体的作用也非常重要。载体不仅能够分散活性组分、提高单位质量活性组分的催化效率，而且能使催化剂具有合适的形状、颗粒尺寸和机械强度，满足工业反应器的要求。另外，对于一些强放热的反应，载体还起着转移反应热、避免催化剂局部过热的作用。

高比表面积碳化硅具有耐高温、化学性质稳定、机械强度高、导热性好等特点，这些特点使得它有可能成为一种性能优异的催化剂载体材料。例如，碳化硅高的机械强度可以提高催化剂的抗磨损性能；高的热稳定性和化学惰性能有效防止载体与活性金属组分发生反应形成非活性组分；良好的热传导性能可以及时转移活性组分上积累的反应热,防止活性组分烧结失活。另外,碳化硅还是一种性能优异的红外发射材料,可以将自身吸收的热量以红外辐射的形式发射出去。这种红外辐射可以更加有效地加热反应物。由于碳化硅本身是一种半导体材料,表面负载金属纳米颗粒后会形成金属-半导体接触,从而还会表现出一些特殊的催化性能。

高比表面积碳化硅的制备过程相对比较复杂,价格较高。因此,许多人认为碳化硅催化剂的成本太高,没有实际应用价值。实际上,这是一个认识上的"误区"。我们知道,催化剂都有一定的使用寿命,使用一段时间后就会失活。失活后的催化剂,除了少数可以再生外,大多数都只回收贵金属。也就是说,催化剂使用过以后,大部分会变成固体废物,处理不当会造成环境污染。碳化硅催化剂失活后,可以通过燃烧除去积炭、用强酸或强碱把活性金属组分溶解回收,而作为载体的碳化硅在这些处理过程中并不发生变化。因此,碳化硅为载体的催化剂,不仅金属活性组分可以回收利用,而且载体本身也可以循环使用,是一种环境友好型催化剂。这样算下来,碳化硅催化剂的成本并不高!

本章中,我们根据目前文献上已经发表的结果,介绍高比表面积碳化硅在高温反应、强放热/吸热反应以及强腐蚀性反应中的应用。随着高比表面积碳化硅制备技术的日渐成熟,以及人们对这种新材料认识的不断深入,高比表面积碳化硅在多相催化中作为催化剂载体的应用将越来越广泛。

3.1 高温催化反应

3.1.1 甲烷重整制合成气

甲烷是天然气和煤层气的主要成分,分子式为 CH_4,是最简单也是最稳定的碳氢化合物。我国的天然气和煤层气储量都比较丰富,但由于甲烷分子的化学性质非常稳定,将甲烷直接转化成国民经济发展所必需的化学品仍然是化学工作者面临的巨大挑战。相反,甲烷通过间接途径转化为化学品则相对比较容易。例如,甲烷先通过重整转化为合成气($CO + H_2$),合成气再通过费-托合成或其他过程进一步转化为工业上具有重要应用价值的化学品[1]。甲烷重整制备合成气,主要有三个过程:甲烷水蒸气重整[方程(3-1)]、甲烷二氧化碳重整[又称干重整,方程(3-2)]和甲烷部分氧化[方程(3-3)]。在这些过程中,负载型镍是最常用的催化剂。由于甲烷重整的反应温度比较高(700~900℃),负载型镍催化剂在使用过程中很容易发生烧结和积炭,从而导致催化剂失活。常用的催化剂载体,如氧化铝和氧化硅,导热性较差,难以及时传导反应热,而且高温下容易和镍组分发生反应形成催化活性较低的类尖晶石物相。SiC在上述温度范围内化学性质非常稳定,不会与金属活性组分发生反应。因此,国内外学者不约而同地将 SiC 用于甲烷重整反应[2~4]。

$$CH_4 + H_2O \longrightarrow CO + 3H_2 \quad (\Delta H^\ominus = 206.3 kJ/mol) \quad (3\text{-}1)$$

$$CH_4 + CO_2 \longrightarrow 2CO + 2H_2 \quad (\Delta H^\ominus = 247.3 kJ/mol) \quad (3\text{-}2)$$

$$CH_4 + (1/2)O_2 \longrightarrow CO + 2H_2 \quad (\Delta H^\ominus = -35.6 kJ/mol) \quad (3\text{-}3)$$

3.1.1.1　甲烷部分氧化（partial oxidation of methane，POM）

甲烷重整制合成气的三种途径中，只有部分氧化是热力学有利的过程。而且，甲烷部分氧化反应的产物中 H_2 与 CO 的化学计量比是 2，正好可以满足甲醇合成和费-托合成所需要的比例，可以直接用作这些过程的原料。甲烷部分氧化早在 1946 年就开始有人研究，当反应温度在 700℃以上时，Ni、Pd、Pt、Rh 等催化剂都能使 CH_4 转化率达到 90%以上，CO 和 H_2 的选择性达到 95%以上。但是，在甲烷部分氧化过程中，催化剂床层很容易产生"热点"，温度可高出附近温度 300℃以上[5]。由于催化剂稳定性以及其他方面的原因，这一反应至今仍未实现工业化。

2004 年，法国 Ledoux 课题组采用成型的圆柱状多孔 SiC 为载体，通过浸渍法制备了镍含量 5%（质量分数）的 Ni/SiC 催化剂，在固定床反应器中评价了其甲烷部分氧化性能，发现 Ni/SiC 催化剂在 900℃下可稳定运行 100h 以上[4]。通过和 Ni/Al_2O_3 催化剂对比，他们发现 Ni/SiC 催化剂在催化过程中没有出现"热点"，也没有出现明显的丝状积炭。因此 Ni/SiC 催化剂活性稳定，反应后的催化剂颗粒形貌基本保持完好［图 3-1（a）和（b）］。而 Ni/Al_2O_3 催化剂中则出现了较多的丝状积炭，反应后催化剂颗粒的破损情况也非常明显［图 3-1（c）和（d）］。研究者将此归因于 SiC 载体良好的导热性能。

笔者课题组孙卫中等研究了负载量为 10%（质量分数）的 Ni/SiC 催化剂，发现 Ni/SiC 催化剂在甲烷部分氧化反应中积炭少、催化活性和稳定性都比较好[6,7]。采用浸渍法制备了 Ni 负载量为 10%（质量分数）的 Ni/SiO_2、Ni/SiC、Ni/Si 以及 Ni/Al_2O_3 催化剂，催化剂 100℃烘干后，再在 700℃下空气中焙烧 4h。程序升温还原（TPR）结果（图 3-2）显示，催化剂的还原温度按照 SiO_2、SiC、Si 以及 Al_2O_3 的顺序依次升高。从图 3-2 可以看出，Ni/SiO_2 催化剂的还原峰出现温度最低，约 300℃；Ni/SiC 催化剂次之，约 330℃。而在 Ni/Al_2O_3 的 TPR 图上，则出现了两个还原峰。第一个还原峰出现在 400℃，与 NiO 还原为金属镍的温度接近；第二个峰出现在 800℃左右，接近尖晶石 NiAl_2O_4 的还原温度。以上结果说明，金属 Ni 组分与 SiO_2 和 SiC 载体的相互作用较弱，而与 Al_2O_3 载体在高温下容易发生反应。由于 SiC 和镍氧化物的相互作用比较弱，催化剂在使用前不需要经过专门的预处理过程，反应气氛（CH_4 和 O_2 的混合物）就可以使催化剂中的镍氧化物发生还原。这样，就可以使操作过程大为简化。在 Ni/SiC 催化剂上，甲烷部分氧化的积炭行为跟反应温度有关。在较低温度下（约 500℃），

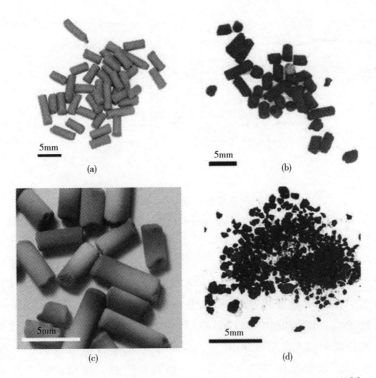

图 3-1　Ni/SiC 和 Ni/Al₂O₃ 催化剂反应前后颗粒破损情况的比较[4]

(a) 反应前 Ni/SiC 颗粒；(b) 反应后 Ni/SiC 颗粒；

(c) 反应前 Ni/Al₂O₃ 颗粒；(d) 反应后 Ni/Al₂O₃ 颗粒

积炭主要为碳纳米管；而在高温下（约 850℃），几乎没有碳纳米管，主要是壳状或胶囊状的积炭[7]。另外，Ni/SiC 催化剂积炭以后，通过在空气中原位烧炭处理，就可以使催化剂再生。再生后催化剂的性能与新鲜催化剂相比，变化不大（图 3-3）。

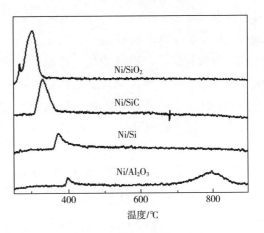

图 3-2　不同载体镍催化剂的
程序升温还原结果[6]

　　SiC 载体的化学惰性可以避免它和活性金属组分发生化学反应，形成非活性的金属物相。但是，这种化学惰性也使得它与金属组分之间的相互作用减弱。换言之，金属颗粒在 SiC 表面容易发生迁移和长大，从而使暴露在颗粒外表面的金属原子减少，金属组分的利用率降低。为了增强 SiC 和金属活性组分的相互作用，

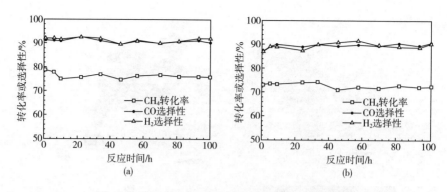

图 3-3 Ni/SiC 新鲜催化剂（a）和再生催化剂（b）
在 750℃下反应时催化的性能比较[7]

可对 SiC 表面用氧化铝进行修饰。王庆等采用浸渍法在 SiC 载体上同时沉积镍和铝，制备了含 10%（质量分数）NiO 和 15%（质量分数）Al₂O₃ 的催化剂，发现采用 Al₂O₃ 修饰的催化剂在催化甲烷部分氧化过程中稳定性得到明显提高[8]。研究表明，镍基催化剂的积炭跟载体表面的酸中心有关，碱性载体可以抑制催化剂积炭。SiC 表面接近中性，因此在甲烷部分氧化反应中表现出较好的抗积炭性能。如果能在 SiC 表面引入一些碱性位点，则可能进一步减少催化剂积炭。尚如静等将 SiC 载体在 Ar 气氛下加热到 1400℃，然后将气氛切换成 H₂ 和 N₂ 的混合气（含 15% 的 H₂），在此温度下保持 0.5～8h 不等，发现 SiC 表面发生了不同程度的氮化[9]。SiC 经不同时间高温氮化处理后，比表面积和表面氮含量都会发生变化，如表 3-1 所示。氮原子的价电子层结构为 $2s^2\,2p^3$，即有 3 个单电子和一对孤电子对，取代 SiC 表面的碳原子和硅原子形成 Si—N 键后，仍然保留一对孤电子对。氮原子上的孤电子对在 SiC 表面，可起到路易斯碱的作用。用这种经过高温氮化处理过的 SiC 作为载体，由于载体表面引入了一些碱性位点，所以催化剂的抗积炭性能得到显著提高。但是，过度氮化不仅会使 SiC 比表面积降低，而且会在 SiC 表面形成一层 Si₃N₄，从而使催化剂的性能接近 Ni/Si₃N₄ 催化剂（图 3-4）。Ni/Si₃N₄ 催化剂在甲烷部分氧化反应中的积炭非常少，在 800℃反应 200h 后，积炭量还不到 1%（质量分数），而在同样条件下 Ni/SiC 催化剂的积炭量在 5%（质量分数）左右[10]。

表 3-1 SiC 经不同时间氮化处理后比表面积和表面氮含量（XPS 分析结果）的变化情况

氮化时间/h	0	0.5	1	4	8
比表面积/(m²/g)	50.8	44.7	41.7	35.3	29.6
氮含量/%	0	3.8	4.6	5.1	9.2

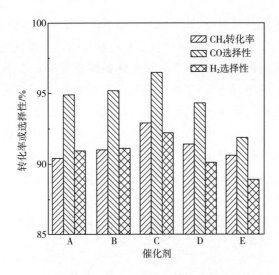

图 3-4　SiC 经过不同时间氮化处理后作为载体的催化性能[9]

A、B、C、D、E 载体氮化时间分别为 0h、0.5h、1h、4h 和 8h

3.1.1.2　甲烷干法重整（dry reforming of methane，DRM）

近年来由于环境保护等多方面的原因，甲烷干法重整制备合成气受到了广泛关注。所谓的干法重整，实际上就是甲烷和二氧化碳重整，其主要优点有两点。首先，原料气廉价且具有环境效益。因为天然气中经常含有大量的二氧化碳伴生气，将两者通过重整转变为合成气具有一定的优势。其次，由于 CO_2 重整得到的合成气中 H_2/CO 比较低，可以用来调整水蒸气重整反应的 H_2/CO 比。从环境保护的观点来看，甲烷和二氧化碳都是 "温室气体"，它们对全球气候变化都有重要影响。因此，综合利用甲烷和二氧化碳这两种廉价且具有重要 "温室效应" 的气体，将二者转化为工业上有重要应用的合成气，不仅能降低生产成本，而且具有良好的环境效益[11]。

Liu 等人采用具有开放式孔结构的整体式 SiC 泡沫陶瓷（直径 9mm，长度 20mm）为载体，通过浸渍法制备了镍含量为 7%（质量分数）的 Ni/SiC 整体式催化剂，并在固定床反应器中评价了甲烷二氧化碳重整催化剂的反应性能，并与 Ni/SiO$_2$ 和 Ni/Al$_2$O$_3$ 催化剂进行了比较[12]。研究发现，Ni/SiC 和 Ni/SiO$_2$ 催化剂在 400℃时就表现出相当的反应活性，而 Ni/Al$_2$O$_3$ 催化剂在 600℃时才开始有催化活性。随着反应温度的升高，三种催化剂的活性都呈现升高的趋势。但是，在相同反应温度下，Ni/SiC 催化剂的活性最高，而 Ni/Al$_2$O$_3$ 催化剂的活性最差。当反应温度升高到 850℃时，三种催化剂的甲烷和二氧化碳转化率都能达到理论转化率，分别为 94% 和 96%。对于 Ni/SiC 催化剂来说，反应过程中甲烷和二氧化碳的转化率始终相当。而对于 Ni/SiO$_2$ 和 Ni/Al$_2$O$_3$ 催化剂，二氧化碳的转化率始终高于甲烷。特别是 Ni/Al$_2$O$_3$ 催化剂，当反应温度低于 800℃时，这种现象尤为明显，主要是由甲烷二氧化碳重整过程中的逆水煤气变换反应造成的。

郭鹏飞等人采用浸渍法制备了不同载体的镍催化剂，发现在镍负载量均为 10％（质量分数）的情况下，Ni/SiC 的催化性能明显优于氧化硅、氧化铝和氧化铈为载体的催化剂（图 3-5），不仅催化活性高，而且不需要专门的预还原处理[13]。长时间运行后，Ni/SiC 催化剂活性也会降低，主要原因是镍颗粒长大和积炭。为了改善催化剂的稳定性，在 Ni/SiC 催化剂中添加了不同的助剂，发现 MgO、Al$_2$O$_3$、CeO$_2$ 和 Yb$_2$O$_3$ 几种助剂中，Yb$_2$O$_3$ 对催化剂的改善作用最明显，Yb$_2$O$_3$ 助剂的添加量以 4％～6％（质量分数）为宜（图 3-6）。添加 Yb$_2$O$_3$ 助剂，不仅增强了镍活性组分与载体之间的相互作用、抑制了镍颗粒的生长，同时也提高了催化剂的抗积炭能力[14]。

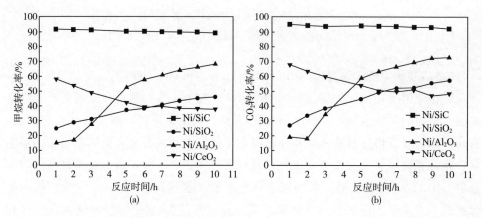

图 3-5　不同载体的镍催化剂上甲烷（a）和 CO$_2$（b）的转化率[13]

反应温度 800℃；GHSV=10000mL/(g·h)；CH$_4$/CO$_2$=1.0

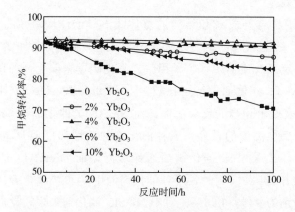

图 3-6　助剂 Yb$_2$O$_3$ 添加量对甲烷转化率的影响[14]

王冰等人用浸渍法制备了不同钐含量的 Ni-Sm$_x$/SiC 催化剂[15]。催化剂中，镍的质量分数为 9％，钐的质量分数分别为 0、2％、3％、4％、5％、7％。采用常压微型固定床反应器考察了不同催化剂在甲烷二氧化碳重整反应中的催化性能，并用程序升温还原、热重分析以及透射电子显微镜等技术对反应前后的催化剂进行表征。结果表明，加入钐后甲烷和二氧化碳转化率明显提高。当钐含量为 5％（质量分数）时，Ni-Sm$_5$/SiC 表现出最好的活性和稳定性，而且反应后催化剂积炭量最少。考察其原因，是因为加入钐提高了活性组分与载体间的相互作用，有效减少了表面积炭、提高了催化剂的稳定性。

Aw 等人采用不同方法将 CeZrO$_2$ 沉积到 SiC 表面，然后再负载上镍和钴，作为甲烷-二氧化碳重整催化剂，发现复合物载体能够稳定双金属纳米颗粒，从而改善催化剂的稳定性[16]。Hoffmann 等人采用多孔氧化硅为模板，制备了比表面积高达 328m^2/g 的纳孔碳化硅，并以此为载体负载了 10％（质量分数）的镍作为甲烷-二氧化碳重整催化剂[17]。研究发现，反应过程中 SiC 载体表面会形成一层 SiO$_2$ 保护层，可以阻止高温（800℃）下硅化镍的形成。

3.1.1.3 甲烷-水蒸气重整（steam reforming of methane，SRM）

甲烷-水蒸气重整可以制备富 H$_2$ 合成气，也是传统的由甲烷制取 H$_2$ 的方法，1926 年就已经实现了工业化，至今仍然是唯一获得了工业应用的甲烷重整过程。甲烷-水蒸气重整的催化剂主要是镍基催化剂，而镍基催化剂在使用过程中容易发生积炭失活，因此催化剂中往往还要加入碱金属或碱土金属作为助剂来抑制积炭。尽管如此，工业上还需要采用过量的水蒸气来防止催化剂积炭失活。高的水碳比不仅会降低反应效率，而且增加生产过程的能耗。因此，研究抗积炭性能良好的甲烷-水蒸气重整催化剂仍然十分必要。

2007 年，Basile 等人报道了 Ni/SiC 催化剂的 SRM 性能[2]。研究者采用等体积浸渍法制备了负载量为 10％（质量分数）的 Ni/SiC 催化剂，发现催化剂具有良好的甲烷-水蒸气重整性能，抗积炭性能明显提高。只有当反应温度超过 960℃时，SiC 表面才会轻微氧化形成 SiO$_2$。Ricca 等人采用商业上购买的整体式 SiC 陶瓷和堇青石作为载体，研究了其甲烷-水蒸气重整性能，发现甲烷转化率、H$_2$ 选择性与载体的导热性有比较好的相关性[18]。由于商业 SiC 陶瓷的比表面积很低，研究者先在载体上涂覆一层氧化铈以增加其比表面积，然后采用浸渍法制备了镍含量约 5％（质量分数）的 Ni/SiC 催化剂，发现载体中孔道结构布局影响催化剂中温度分布，从而影响催化剂的活性[19]。

在甲烷重整转化过程中，单一的反应途径，不论是甲烷部分氧化，还是与二氧化碳或水蒸气重整，都存在一些问题。例如，甲烷部分氧化是放热过程，反应热容易使催化剂床层中形成"热点"，导致催化剂烧结和活性降低。甲烷与二氧化碳或水蒸气重整则是强吸热反应，反应过程能量消耗较高，而且催化剂积炭现象严重。甲烷-水蒸气重整虽然早已实现工业化，但产物中 H_2 与 CO 的比例为 3，不适合甲醇或费-托合成对原料气的要求，通常还需对其进行配气处理。如果将部分氧化、二氧化碳重整和水蒸气重整结合起来，既可节省甲烷转化过程中的能量消耗，也可调节反应产物中一氧化碳和氢气的比例，以适应下游产业的甲醇或费-托合成需要。因此，甲烷二元重整或三元重整制备合成气近年来引起了研究者的关注。

SiC 作为一种耐高温的催化剂载体材料，在甲烷的二元重整和三元重整过程中的应用均有报道。徐恒泳等人以泡沫 SiC 为载体，先在 SiC 表面涂覆 10%（质量分数）的 Al_2O_3，然后通过浸渍法负载一定量的镍，经 800℃ 焙烧得到 Ni/Al_2O_3-SiC 催化剂[20]。在固定床反应器中进行了催化剂的评价实验，反应气中 CH_4：O_2：H_2O 的摩尔比为 1：0.5：2，压力为 1MPa，反应温度为 840℃。与镁铝尖晶石负载的镍（$Ni/MgAl_2O_4$）催化剂相比，Ni/Al_2O_3-SiC 催化剂在反应过程中催化剂床层的温度分布更加均匀，表明 SiC 载体良好的热传导性能可以分散活性位点积累的反应热，从而避免催化剂床层中热点的形成和催化剂的烧结，提高催化剂的稳定性。因此，Ni/Al_2O_3-SiC 催化剂在甲烷部分氧化和水蒸气重整偶合反应中表现出优异的催化活性和稳定性，催化剂运行 500h 后，活性和选择性保持稳定。反应进行 900h 后，催化剂出现明显失活现象，其原因主要是活性组分镍流失。SiC 载体经过高温长时间反应后，宏观结构基本保持不变，显示出非常好的稳定性。

Kim 等人先在 SiC 表面修饰一层 Al_2O_3 作为催化剂载体，然后用共沉淀法在载体上沉积 La、Sr、Ni 等金属，通过煅烧制备了负载的钙钛矿结构的 $LaSrNiO_x$ 氧化物，并将这种催化剂用于甲烷的水蒸气和二氧化碳联合重整反应[21]。反应温度为 850℃，反应气中 CH_4：CO_2：H_2O 的摩尔比为 1：0.34：1.2，另有 20% 的 N_2 为稀释气体。研究发现，10%（质量分数）Al_2O_3 修饰的 SiC 载体可以较好地分散具有催化活性的 La_2NiO_4 钙钛矿相。由于 Al_2O_3 修饰，载体表面小的 NiO 和 La_2NiO_4 得以稳定存在。同时，由于催化剂表面碱性 La 和 Sr 氧化物的存在，增强了对 CO_2 的吸附，因而 CO_2 转化率也得到了明显的提高。

宋春山在 2001 年提出了甲烷三重整过程的概念[22]。这个过程将水蒸气重整、干重整和甲烷部分氧化三个反应组合到一起，在同一个反应器中完成。这三个反应之所以能组合到一起，是因为三者都在相近的温度范围内发生反应，都是体积增大的反应，而且主要的催化活性金属都是镍。在这个过程中，由于水和氧的存在，重整积炭量明显减少。同时，由于甲烷部分氧化反应放出热量，整个体系能源消耗明显降低。此外，三重整过程可以通过改变进料气中 CH_4：CO_2：H_2O：O_2 的比例，调节合成气中 H_2 和 CO 的比例（表 3-2），得到可直接用于甲醇和费-托合成等过程的合成气[23]。

表3-2 甲烷三重整过程中可通过改变进料气组成调节合成气中 H_2/CO 的比例[23]

进料气组成	CH_4 转化率/%	CO_2 转化率/%	H_2O 转化率/%	H_2/CO 比例
$CH_4:CO_2:H_2O:O_2=1:0.475:0.475:0.1$	97.9	87.0	77.0	1.67
$CH_4:CO_2:H_2O:O_2=1:0.45:0.45:0.2$	99.0	75.2	56.0	1.69
$CH_4:CO_2:H_2O:O_2=1:0.375:0.375:0.5$	99.8	28.4	-29.0	1.71
$CH_4:CO_2:H_2O:O_2=1:1:1:0.1$	99.8	53.1	26.7	1.48
$CH_4:CO_2:H_2O=1:0:1$	94.0	—	95.4	3.06
$CH_4:CO_2:H_2O=1:0.25:0.75$	94.9	91.3	93.1	2.25
$CH_4:CO_2:H_2O=1:0.5:0.5$	95.8	93.7	88.7	1.66
$CH_4:CO_2:H_2O=1:0.75:025$	96.6	94.3	76.4	1.32
$CH_4:CO_2:H_2O=1:1:0$	97.4	95.0	—	1.03

近年来，人们发现 Ni/SiC 催化剂具有良好的甲烷三重整催化性能。García-Vargas 等人研究了一系列 Ni/SiC 基催化剂体系中的甲烷三重整反应[24~27]。他们深入研究了不同的镍前驱体，碱金属和碱土金属助剂，以及原料气组成对 Ni/SiC 催化剂性能的影响。其中，加入镁能减小金属镍颗粒的尺寸、增强镍和碳化硅载体之间的相互作用。同时，由于催化剂表面碱性增强，积炭也得到有效抑制。当催化剂中镍和镁的摩尔比为 2:1 和 1:1 时，催化剂都表现出非常好的活性和稳定性，因此，镁修饰的 Ni/SiC 催化剂是一种非常有前景的甲烷三重整催化剂[26]。

3.1.2 烷烃的氧化偶联和脱氢反应

目前，社会发展所需要的化学品主要来源于石油。石油中主要成分包括烷烃、环烷烃以及芳烃等，烯烃成分很少。和烷烃分子化学性质非常稳定相比，烯烃分子中含有 C═C 双键，可以发生多种化学反应，进而制备出工业生产和日常生活需要的多种多样的化学品。例如，发生加成反应形成卤代烃和醇等，发生聚合反应形成高分子聚合物等。由于天然的烯烃资源很少，因此通过氧化偶联和脱氢将烷烃转变成烯烃具有非常重要的意义。

3.1.2.1 甲烷氧化偶联（oxidative coupling of methane，OCM）

乙烯是最重要的基础有机化工原料，它的生产长期以来一直依靠石油裂解。随着石油资源的日益减少，由单一的石油裂解路线生产乙烯面临极大的风险。因此，世界各国都在开发新的乙烯生产路线。其中，甲烷氧化偶联制乙烯被认为是最经济、最具有应用前景的一种路线。

1982 年，美国联合碳化物公司的 Keller 和 Bhasin 发表了甲烷氧化偶联的第一篇文章。随后，Hinsen 和 Baerns，以及 Lunsford 课题组相继对这一反应进行了深入研究。一般认为，甲烷氧化选择性地形成乙烯，要经过以下三个步骤：①甲烷活化，断开一个 C—H 键，形成甲基自由基；②两个甲基自由基在气相中发生偶联，形成乙烷；③乙烷氧化脱氢形成乙烯。这个过程实现商业化的前提条件是，甲烷单程转化率＞35％以及 C_{2+} 产物选择性＞85％。人们筛选过的甲烷氧化偶联催化剂已经超过 2000 种，目前的研究逐渐集中在两类催化剂上。一类以氧化镧和氧化锶为主，甲烷转化率高，但 C_2 产物的选择性一般；另一类为 SiO_2 负载的锰、钨、钠的氧化物，C_2 产物选择性高，但甲烷转化率低[28]。三十多年来，尽管人们对甲烷氧化偶联过程也有过怀疑，但是它无疑是最有意义的甲烷转化过程之一，目前仍有不少学者在从事这一领域的研究[29]。

从方程式（3-4）可知，甲烷氧化偶联是一个强放热过程。

$$2CH_4 + O_2 \longrightarrow C_2H_4 + 2H_2O \quad (\Delta H^{\ominus} = -282\text{kJ/mol}) \quad (3\text{-}4)$$

理论计算表明，甲烷氧化偶联在 400～1500K 温度范围内都是热力学有利的。但是由于甲烷分子的化学性质非常稳定，这个反应通常在高温（＞700℃）下才会有比较好的转化率。这是一个典型的高温强放热反应，催化剂在使用过程中容易出现"热点"，因此反应热的移除是一个难点。为了移除反应热，Samarth 等人在 Li/Sn/MgO 催化剂中加入 SiC，发现催化剂活性会明显提高，但产物选择性不受影响[30]。上述工作发表于 1994 年，是较早将导热性好的 SiC 引入甲烷氧化偶联催化剂的报道，它表明高导热性的 SiC 作为甲烷氧化偶联催化剂的载体有独特的优势。

Choudhary 等人比较了 Al_2O_3、SiO_2、SiC 以及 $ZrO_2 + HfO_2$ 负载的 MgO 和 La_2O_3-MgO 催化剂，发现上面几种载体都会降低催化剂的甲烷氧化偶联活性和选择性。其中，Al_2O_3 和 SiO_2 载体会降低催化剂的碱性，并与活性组分 La_2O_3 和 MgO 发生反应，形成没有催化活性或者催化活性较低的物相，如 $MgAl_2O_4$、$MgSiO_3$、Mg_2SiO_4 以及 α-$La_2Si_2O_7$ 等[31,32]。Liu 等人以整体式多孔 SiC 陶瓷为载体（图 3-7），制备了 5％（质量分数）Na_2WO_4-2％（质量分数）Mn/SiC 催化剂，考察了其甲烷氧化偶联反应性能[33]。在 850℃ 下，SiC 负载型催化剂的反应活性与 SiO_2 催化剂相同，但 SiC 催化剂优良的传热性能有效防止了催化剂床层热点的形成，显著提高了催化剂的稳定性。Yildiz 等人比较了 SiO_2、SiC、Fe_2O_3、TiO_2 等载体上负载的 Mn_xO_y-Na_2WO_4 催化剂对甲烷氧化偶联反应的催化活性。由于研究者所使用的 SiC 比表面积只有 $1m^2/g$，所以和其他载体相比，SiC 并没有显示出特别的优势[34]。

SiO_2 负载型催化剂具有 C_2 产物选择性高的特点，因此一直是人们研究的重点。但是，在甲烷氧化偶联的反应条件下，无定形的 SiO_2 载体容易发生相变，转变为惰性的方石英，从而使催化剂性能变差[35]。为了防止这种相变，Serres 等人用高比表面积 SiC 替代 SiO_2 作为 Mn-Na-W 催化剂的载体[28]，发现以 SiC 为载体的催化剂，其催化活性是 SiO_2 催化剂的 4 倍。在反应过程中，SiC 表面也会

图 3-7 以整体式多孔 SiC 陶瓷为载体的 Na_2WO_4-Mn/SiC 催化剂[33]

形成方石英相,但 SiC 的骨架结构不会发生变化,因此催化剂的高比表面积能够得以保持,催化剂也能保持在较高的活性水平上。

最近,关于高比表面积 SiC 用于甲烷氧化偶联反应催化剂的研究逐渐增多。2017 年,Wang 等人研究了高比表面积 SiC 负载的 Mn-Na-W 催化剂,发现催化剂比表面积越高,其甲烷氧化偶联活性也越高,在空气中和在氮气中煅烧催化剂,会强烈影响催化剂的孔结构和表面积[36]。值得指出的是,SiC 虽然具有很高的抗氧化性能,但是在与其他氧化物(如氧化铝、氧化钨等)共存时,抗氧化性能会明显降低,一般在 800℃左右就会有明显的氧化反应发生,而且这种氧化过程不仅仅限于 SiC 表面。

3.1.2.2 烷烃脱氢反应

烷烃脱氢经常用来制备烯烃,尤其是碳数较低的烯烃,如乙烯、丙烯、丁烯等。这些烯烃通常称作低碳烯烃,是重要的化工原料,也是现代化学工业的基石,广泛用于生产塑料、纤维等。低碳烯烃的制备主要有两种路线,石油路线和非石油路线。非石油路线包括天然气法、甲醇法、二甲醚法以及合成气法等,这些方法目前还没有实现工业化生产。因此,传统上低碳烯烃仍然通过烷烃脱氢制备。

从化学热力学上看,烷烃脱氢是一个强吸热的过程。

$$C_3H_8 \longrightarrow C_3H_6 + H_2 \qquad (\Delta H^{\ominus} = 124.3kJ/mol) \qquad (3-5)$$

例如,丙烷脱氢的焓变化为 124.3kJ/mol。根据 Le Chatelier 原理,高的反应温度和低的烯烃分压有利于烷烃转化。因此,工业上烷烃脱氢的反应温度一般在 550～750℃之间。烷烃脱氢催化剂主要有贵金属铂、铬氧化物、钒氧化物、钼氧化物、镓氧化物等，它们通常都需要负载在合适的载体上，如 Al_2O_3、SiO_2等。在 550～750℃的反应温度下，载体和活性组分之间容易发生反应，因此催化剂的失活难以避免[37]。SiC 负载型催化剂，在低碳烷烃包括乙烷、丙烷和丁烷等的脱氢反应中的应用都有报道。1999 年，Harlin 等人采用浸渍法制备了 MoO_3/SiC 催化剂，研究了催化剂的丁烷脱氢性能[38]。研究发现，SiC 催化剂具有非常高的活性和稳定性，对 C_4 烯烃的选择性明显高于 Al_2O_3 和 SiO_2 为载体的催化剂。从表 3-3 还可以看出，SiC 催化剂上的积炭量明显低于其他两个催化剂。SiC 催化剂的催化活性较低，可能是由于载体 SiC 的比表面积过低引起的。

表 3-3　SiC、Al_2O_3、SiO_2 负载 MoO_3 催化剂的丁烷脱氢性能[38]

载体		SiC	Al_2O_3	SiO_2
比表面积/(m²/g)		12	144	101
转化率/%		22	40	27
选择性	C_4 烯烃/%	71	36	48
	正丁烯/%	58	22	42
	1,3-丁二烯/%	2	1	1
	异丁烯/%	11	13	5
	异丁烷/%	2	12	0
积炭（质量分数）/%		0.04	0.6	0.2

在低碳数的烷烃中，甲烷的储量最丰富，是天然气、煤层气等的主要组成部分。天然气储量集中，可大规模开采，并通过管道输送。煤层气是煤的伴生资源，通常吸附在煤颗粒表面，在采煤过程中逐步释放。由于煤层气难以集中和持续开采，铺设输气管道投资较大，车辆运输效率太低，因此多数情况下煤层气都是直接排空或者燃烧后排空，造成严重的资源浪费。如果能将煤层气在坑口直接转化成液体化学品，则可以方便地运输到可进一步加工的地方。甲烷无氧芳构化就是在无氧条件下，通过催化脱氢转化为高附加值的芳烃。这一过程是中国科学院大连化学物理研究所的徐奕德研究员在 1993 年首先提出的，随后在国际上引起了广泛而持续的关注[39]。甲烷无氧芳构化的催化剂通常是 ZSM-5 分子筛负载的钼，反应温度在 700℃以上。我们知道，分子筛中的孔道都是微孔（直径一般在 2nm 以下），芳烃分子在这种微孔中扩散较慢，容易进一步脱氢形成积炭。另外，高温下分子筛很容易发生结构塌陷，造成催化剂失活。将分子筛原位生长在多孔的导热性材料，如 SiC 的孔道中，则可以提高分子筛的稳定性。例如，Ivanova 等人在预先成型的多孔 SiC 泡沫陶瓷中原位生长了纳米纤维状的 ZSM-5

材料[40]。笔者课题组以高粱颗粒为起始材料，先制备成具有生物质孔道结构和形貌的多孔 SiC 颗粒，然后在 SiC 孔壁上原位生长了一层 ZSM-5，这种复合材料同时具有大孔和微孔的特征，有利于反应物在催化剂中的扩散[41]。

包信和课题组先将一定比例的商业 SiC 粉（直径约 0.5μm）和颗粒状活性炭（直径约 32μm）混合，用水调和成糊状后成型，经高温焙烧制成多孔的 SiC 颗粒，然后在 SiC 孔道中原位合成 ZSM-5 分子筛，得到 ZSM-5/多孔 SiC 复合材料[42]。研究者以此复合材料为载体，通过浸渍法负载上钼用于甲烷无氧芳构化反应，发现这种复合物催化剂比单独 ZSM-5 分子筛为载体的催化剂在高温（750℃）下反应的活性和芳烃选择性都有所提高。该课题组还采用类似方法制备了介孔分子筛 MCM-22 和 SiC 的复合物以及 Mo/MCM-22/SiC 催化剂，发现其对甲烷无氧芳构化反应活性高、芳烃选择性好，如图 3-8 和图 3-9 所示。催化剂性能的提高源于复合物催化剂改善了反应过程中的传热和传质行为[43]。

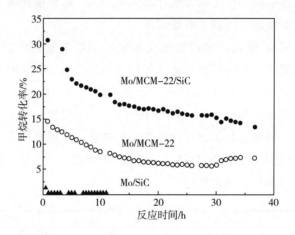

图 3-8　介孔分子筛 MCM-22 和 SiC 的复合物作为载体和单独 MCM-22
或 SiC 负载的钼催化剂的甲烷无氧芳构化活性

乙苯直接脱氢制取苯乙烯是一个重要的化工过程。工业上常用的催化剂以铁氧化物为主，辅以不同的助剂，如氧化铝、氧化钾等，反应温度在 600℃ 左右。反应过程中，催化剂很容易发生积炭失活，因此需要用大量的水蒸气消除积炭。Ba 等人在 SiC 泡沫上通过特殊方法涂覆了一层含纳米金刚石的介孔碳，发现这种不含金属的复合物具有非常好的乙苯脱氢性能，乙苯转化率和苯乙烯收率高，而且催化剂性能稳定[44]。

和直接催化脱氢相比，烷烃氧化脱氢不仅反应温度高，而且反应过程中还强烈放热。当使用传统的氧化铝或氧化硅为载体时，由于载体导热性差，反应过程中催化剂床层容易形成"热点"出现"飞温"等现象，导致催化剂失活[45]。Sautel 等人报道了 SiC 用于丙烷氧化脱氢[46]。不过，他们只是将 SiC 粉和催化剂

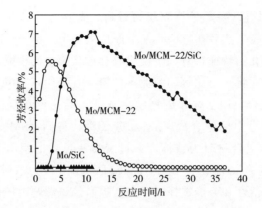

图 3-9   介孔分子筛 MCM-22 和 SiC 的复合物作为催化剂载体和
单独 MCM-22 或 SiC 负载的钼催化剂的芳烃产物的收率

钼酸镍机械混合在一起，用来稀释催化剂。采用 SiC 稀释催化剂后，反应过程中催化剂床层中的温度梯度得到了有效抑制。

　　SiC 负载的 V_2O_5 催化剂在丙烷氧化脱氢反应中也表现出较好的催化性能。当钒的负载量相同时，V/SiC 的丙烯选择性明显高于 V/SiO_2 和 V/Al_2O_3 催化剂[图 3-10（a）]。另外，使用 V/SiC 时，催化剂床层设定温度和实际温度之间的差值也明显小于其他两种催化剂[图 3-10（b）]。主要原因就是，SiC 载体具有良好的热传导性，能够及时扩散反应中产生的热量，从而降低了热点效应和丙烯的过度氧化[47]。泡沫 SiC 负载的 MoVTeNbO 催化剂在乙烷氧化脱氢和丙烷氨氧化反应中也表现了突出的催化性能[48]。

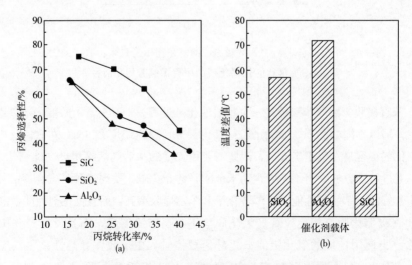

图 3-10   V/SiC 催化剂在丙烷氧化脱氢反应中的选择性（a），
以及催化剂床层设定温度和实际温度的差值（b）

3.2　强放热反应

3.2.1　费-托合成

费-托合成（Fischer-Tropsch synthesis，FTS）是将合成气在催化剂作用下转化为以烷烃为主的液体燃料和石蜡的过程，1923 年由德国科学家 Franz Fischer 和 Hans Tropsch 首次提出，因此以两位科学家的名字命名。由于 FTS 产品可用于车用燃料，所以很快在德国实现了大规模生产。1940 年前后，德国每年通过 FTS 过程生产的液体燃料超过 100 万吨[49]。第二次世界大战结束以后，美国和南非相继建设了大规模的 FTS 工厂。稍晚些时候，我国在锦州也建成了FTS 工厂，年产量最高时曾接近 5 万吨。但是由于廉价石油产品的出现，这些工厂大多都关闭了，只有南非 Sasol 的工厂一直在运营，主要原因是国际社会对南非实施石油禁运。20 世纪 80 年代，我国出于国家能源安全等方面的考虑，重新开始了 FTS 技术的研发。中国科学院山西煤炭化学研究所李永旺研究员带领的团队，研发出了以铁基催化剂为基础的低温浆态床费-托合成技术，在宁夏建成了年产 400 万吨合成油的工业装置，并于 2016 年年底顺利投产生产出了合格的油品，标志着我国合成油技术已经进入世界前列[50]。

由于煤、天然气和生物质都可以转化为合成气，FTS 被认为是为数不多的有可能替代石油生产液体燃料的重要过程之一。自 FTS 被发现近 100 年以来，人们对该反应的研究已经取得了巨大的进展。FTS 常用的催化剂包括铁基和钴基催化剂，有的已经在工业装置上使用了几十年。尽管如此，FTS 产品在成本上仍然无法和传统的石油产品竞争。因此，各国研究人员还在不断努力研发新的催化体系，以提高单位催化剂的产能，氧化铝、氧化硅和氧化钛都被尝试用作 FTS 催化剂的载体。FTS 过程中包含的众多化学反应均为强放热反应，以绝热材料（如 Al_2O_3、SiO_2 或者 TiO_2）为载体的催化剂热传导性能差，反应过程中催化剂床层容易形成热点、发生飞温，从而导致催化剂性能严重降低或者完全失活。此外，反应过程中金属钴也很容易与氧化物载体发生反应，形成 Co_2SiO_4、$CoAl_2O_4$ 或者 $CoTiO_3$ 等非活性物质，造成催化剂的不可逆失活。

SiC 具有良好的导热性、高的化学稳定性和热稳定性，近年来引起了 FTS 研究者的广泛关注[51]。早在 2005 年，法国 Pham 等就公开了一种以碳化硅为载体的 FTS 催化剂的专利[52]。随后，该课题组相关人员采用数学模型方法，研究了催化剂结构和载体导热性对其 FTS 性能的影响，发现泡沫碳化硅负载的钴催化剂可以较好地控制催化剂床层的温度分布[53]。进一步研究发现，在 CO 转化率小于 50% 时，Co/SiC 和 Co/Al_2O_3 催化剂对 C_{5+} 产物的选择性几乎相同；但在 CO 转化率提高到 70% 时，Co/SiC 催化剂对 C_{5+} 产物的选择性可以达到 80%，而

Co/Al$_2$O$_3$ 催化剂则只有 54％。在 Al$_2$O$_3$ 载体表面涂覆一层 SiC 后，产物选择性也和 SiC 载体相近[54]。Osa 等采用等体积浸渍法制备了 Al$_2$O$_3$、TiO$_2$、SiC 以及膨润土负载的 Co 催化剂，催化剂中金属含量均为 15％（质量分数）。他们发现，Co/SiC 催化剂不仅对 C$_{5+}$ 产物的选择性高，而且产物分布也向高碳数迁移[55]。Al$_2$O$_3$、TiO$_2$ 和膨润土负载的 Co 催化剂，FTS 产物中都含有一定量的 C$_{21+}$ 产物，而 Co/SiC 催化剂则几乎不产生 C$_{21+}$ 产物。其他研究者也发现，SiC 作为载体可使 FTS 产物中含有更多的柴油成分。通常，人们将 SiC 催化剂对 C$_{5+}$ 产物选择性提高的原因归结为 SiC 载体良好的导热性。于良松对用作催化剂载体的 SiO$_2$、Al$_2$O$_3$ 和 SiC 进行了 NH$_3$-TPD 表征，结果发现，SiO$_2$ 和 Al$_2$O$_3$ 的 NH$_3$-TPD 谱上都存在两个明显的峰[56]。第一个峰在 350K 左右，可归结为表面—OH 与 NH$_3$ 之间形成的氢键断开；第二个峰在 700K 以上，主要由表面—OH 缩合失水所致。但是，在 SiC 的 NH$_3$-TPD 谱上看不到明显的 Si—OH 以及 Si—OH 缩合失水形成的峰，说明 SiC 表面的 Si—OH 很少，也符合 SiC 表面的惰性特征。TPR 结果（图 3-11）显示，Co/SiC、Co/SiO$_2$ 以及 Co/Al$_2$O$_3$ 催化剂在 600K 前后均有两个明显的还原峰，分别对应 Co$_3$O$_4$→CoO 和 CoO→Co 的还原过程；但 Co/Al$_2$O$_3$ 催化剂在 800K 左右还存在一个明显的还原峰，应该是 CoAl$_2$O$_4$ 的还原峰。上述结果也说明，Al$_2$O$_3$ 载体在高温下容易和金属组分发生反应。作者还详细考察了 Co/SiC 催化剂的 FTS 性能以及失活机理。

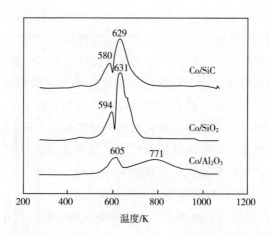

图 3-11   Co/SiC、Co/SiO$_2$ 以及 Co/Al$_2$O$_3$ 的程序升温还原谱图[56]

在 Co/SiC 中添加第二金属组分，对催化剂的 FTS 性能也有重要影响。SiC 负载的 Co-Ru 双金属催化剂，通常表现出更高的 FTS 活性和 C$_{5+}$ 产物选择性，特别是在较高的反应温度和高空速条件下。此外，Co-Ru/SiC 催化剂还具有非常高的稳定性，高活性反应可以保持 400h 以上[57]。类似地，泡沫 SiC 陶瓷负载的

Co-Ru 催化剂在层状结构的微反应器上也表现出比传统固定床反应器更好的费-托反应活性，而且反应活性随空速增大而增加[58]。Osa 等制备了一系列氧化钙（CaO）改性的 Co/SiC 催化剂，研究了添加 CaO 对费-托反应活性和选择性的影响。结果表明，CaO 助剂对催化剂的碱性和钴颗粒大小有明显影响，进而提高 CO 的转化率和 C_{5+} 产物的选择性[55,59]。

SiC 载体表面改性可提高钴与载体的相互作用，增加 FTS 催化活性。Koo 等人将商业 SiC（比表面积约 $25m^2/g$）浸泡在硝酸铝溶液中，用 Na_2CO_3 调节溶液的 pH 值，在 SiC 表面沉积一层铝氧化物，然后焙烧得到 Al_2O_3 修饰的 SiC。研究者以 Al_2O_3 修饰的 SiC 为载体，制备了一系列钴催化剂，发现氧化铝修饰的 Co/SiC 催化剂表现出较好的 CO 转化率和稳定性。这主要是由于 SiC 改性后金属钴组分的分散性更好，同时钴组分和载体之间的相互作用得到进一步增强。其中，10%（质量分数）氧化铝修饰的 SiC 催化剂表现出最佳的催化性能[60,61]。同样地，SiC 采用 TiO_2 修饰后，也可以增强与金属钴组分的相互作用、提高钴的分散度，从而改善催化剂的活性和稳定性。经 TiO_2 修饰后，Co/SiC 催化剂的时空产率明显提高，C_{5+} 产物选择性可提高到 90% 以上[62]。

表 3-4 总结了 SiC 以及 Al_2O_3、SiO_2、TiO_2 等不同载体负载钴催化剂的 FTS 性能。可以看出，与金属氧化物载体相比，SiC 作为 FTS 催化剂的载体具有明显的优越性。

表 3-4　SiC 以及 Al_2O_3、SiO_2、TiO_2 等不同载体负载钴催化剂的 FTS 性能

序号	催化剂	反应条件	CO 转化率/%	CH_4 选择性/%	C_{5+} 产物选择性/%	参考文献
1	$11Co/Al_2O_3$	235℃,2MPa, $6000h^{-1}$,$H_2/CO=2$	20.4	13.7(C_1~C_4)	85.0	[55]
2	$13Co/TiO_2$	235℃,2MPa, $6000h^{-1}$,$H_2/CO=2$	6.7	13.6(C_1~C_4)	82.3	[55]
3	10Co/SiC	235℃,2MPa, $6000h^{-1}$,$H_2/CO=2$	67.2	5.3(C_1~C_4)	94.1	[55]
4	$30Co/Al_2O_3$	220℃,4MPa, $330h^{-1}$,$H_2/CO=2$	77	—	54	[54]
5	30Co/SiC	220℃,4MPa, $330h^{-1}$,$H_2/CO=2$	71	—	85	[54]
6	$30Co/Al_2O_3$-SiC	220℃,4MPa, $330h^{-1}$,$H_2/CO=2$	75	—	79	[54]

续表

序号	催化剂	反应条件	CO 转化率/%	CH₄ 选择性/%	C₅₊ 产物 选择性/%	参考文献
7	20Co/SiC	220℃,2MPa, 4L/(g·h),H₂/CO=2	73.5	8.2	90	[56]
8	20Co/SiO₂	220℃,2MPa, 4L/(g·h),H₂/CO=2	61.5	10.5	78.5	[56]
9	20Co/Al₂O₃	220℃,2MPa, 4L/(g·h),H₂/CO=2	37.3	12.1	77.2	[56]
10	30Co-0.1Ru/SiC	230℃,4MPa, 3800h⁻¹,H₂/CO=2	47	5.5	91.5	[57]
11	30Co-0.1Ru/ SiC 泡沫	220℃,1MPa, 11.3L/(g·h),H₂/CO=2	15	2.4	96	[58]
12	30Co-0.1Ru/ SiC 颗粒	220℃,1MPa, 2.4L/(g·h),H₂/CO=2	—	3.9	95	[58]
13	20Co/SiC	235℃,2MPa, 6000h⁻¹,H₂/CO=2	44.6	3.2(C₁~C₄)	96.3	[55,59]
14	20Co-2Ca/SiC	235℃,2MPa, 6000h⁻¹,H₂/CO=2	39.4	0.4(C₁~C₄)	99.1	[55,59]
15	10Co/SiC	230℃,2MPa, 4000L/(g·h),H₂/CO=2	9.7	2.7	92.3	[60,61]
16	10Co/Al₂O₃-SiC	230℃,2MPa, 4000L/(g·h),H₂/CO=2	53.2	2.2	95.1	[60,61]
17	10Co/SiC	230℃,4MPa, 2850h⁻¹,H₂/CO=2	35.4	5.4	91.6	[62]
18	10Co/TiO₂-SiC	230℃,4MPa, 2850h⁻¹,H₂/CO=2	50.5	5.9	91.7	[62]

3.2.2 甲烷催化燃烧

甲烷是最简单的烃类化合物，是天然气、煤层气、页岩气以及可燃冰的主要组分。甲烷燃烧后生成二氧化碳和水，是一种储量丰富的清洁能源。

$$CH_4 + 2O_2 \longrightarrow CO_2 + 2H_2O \quad (\Delta H_{298} = -802.7 \text{kJ/mol}) \tag{3-6}$$

从反应式（3-6）可以看出，甲烷燃烧是一个强放热反应。在绝热条件下燃烧时，温度可以达到 1600℃ 以上。在此高温下，如果反应体系中有空气或氮气，就会产生大量的 NO_x 化合物，造成严重的环境问题[63]。为了高效、低污染地燃烧甲烷，就必须降低甲烷燃烧时的温度。为此，人们提出了甲烷催化燃烧的概念，它可以在较低的甲烷/空气范围内稳定发生。此外，煤矿乏风中也含有一定浓度的甲烷，长期排放到大气中会加剧温室效应，经过催化燃烧后排放可显著降低其温室效应。研究表明，使用催化剂可以控制甲烷燃烧在较低的温度下稳定地进行。

关于甲烷催化燃烧的研究，大都在比较低的甲烷/空气范围（1%～5%）内进行实验。由于甲烷燃烧的强放热特征，催化剂载体的导热性能就显得尤为重要。早在 1998 年，Méthivier 等就考察了 Pd/SiC 催化剂的甲烷催化燃烧性能，发现 Pd/SiC 催化剂在甲烷燃烧反应中表现出高的活性和选择性，但是催化剂的稳定性则跟活化处理的条件有关[64]。作者以乙酰丙酮钯为前驱体，在 400℃ 氩气中分解前驱体得到的催化剂，钯颗粒小而且分散均匀，但是很容易失活。如果先在氧气中 350℃ 分解乙酰丙酮钯，然后再用 H_2 还原，或者直接在 H_2 中分解前驱体，催化剂中钯颗粒虽然较大，催化剂活性虽然稍低，但却比较稳定。

由于 SiC 的表面惰性等原因，金属活性组分在 SiC 表面容易迁移和长大，从而导致催化剂活性降低。为了稳定 SiC 表面的金属钯组分，可以将金属钯的纳米颗粒组装到一个受限制的空间内，阻止其迁移和生长。郭晓宁根据 SiC 纳米线中结构缺陷在化学反应性能上的差异，用氢氟酸和硝酸的混合酸进行刻蚀，得到了一种具有周期性沟槽结构的 SiC 纳米线，然后通过浸渍法制备了负载量为 1%（质量分数）的 Pd/SiC 催化剂[65]。在这种催化剂中，金属钯纳米颗粒均匀地分散在载体表面，颗粒直径约 3nm，几乎全部分布在 SiC 表面的沟槽中，如图 3-12 所示。为了在较短时间内评估催化剂的稳定性，作者采用了一种循环变温法，即先测定甲烷开始发生反应的温度（T_0）和甲烷转化率刚达到 100% 时的温度（T_{100}），控制反应器温度在 T_0 和 T_{100} 之间循环变化[66]。以沟槽化 SiC 为载体的催化剂，在 270℃（T_0）开始氧化甲烷，到 390℃（T_{100}）时甲烷完全转化，10 个循环以后甲烷转化率仍然保持在 100% [图 3-13（a）]。而以没有经过沟槽化处理的 SiC 纳米线为载体的催化剂，甲烷催化燃烧的 T_0 和 T_{100} 分别为 270℃ 和 410℃，10 个循环后甲烷转化率降低到 82% [图 3-13（b）]。进一步通过透射电镜分析发现，经过循环反应后，前一种催化剂中钯颗粒尺寸几乎没有发生变化（平均直径从 2.9nm 增加到 3.2nm），而后者平均直径从 6.7nm 增加到 17nm。上面的结果说明，金属颗粒长大是 Pd/SiC 催化剂活性下降的主要原因。

钯颗粒在 SiC 表面容易长大的主要原因是金属和载体间的相互作用较弱。通过对 SiC 表面进行修饰，可增加其对金属纳米颗粒的附着能力。郭晓宁等发现采

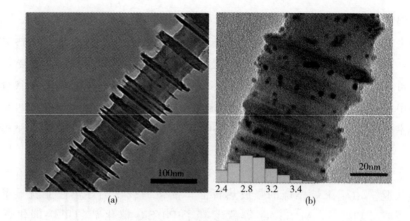

图 3-12   透射电子显微镜照片

（a）具有周期性沟槽结构的 SiC 纳米线；（b）在沟槽中组装了钯纳米颗粒的催化剂

（插图为钯纳米颗粒的尺寸分布，单位为 nm）

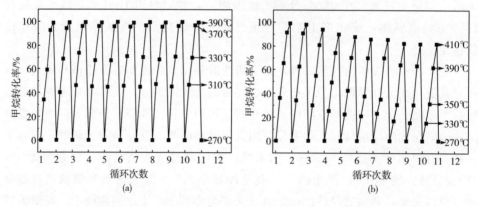

图 3-13   沟槽化 SiC（a）和普通 SiC（b）负载钯催化剂的甲烷燃烧催化性能[66]

用不同助剂，如氧化铈、氧化锆或二者的固溶体 $Zr_{0.5}Ce_{0.5}O_2$ 对 SiC 表面进行修饰，可明显提高钯催化剂的活性和稳定性[67]。其中，以 $Zr_{0.5}Ce_{0.5}O_2$ 固溶体为助剂 [1%（质量分数）] 时，催化剂的 T_{100} 可降低到 340℃。德国 Kaskel 课题组研究了 CeO_2/Pt-SiC 以及 CeO_2/SiC 的甲烷催化燃烧性能，发现 SiC 负载上氧化铈以后，不需要贵金属就可以高效催化甲烷燃烧反应[68,69]。

笔者课题组还研究了 SiC 负载的 Pd-Au、Fe-Pd、Fe-Pt、Fe-Au 等双金属催化剂，以及 $Zr_{0.5}Ce_{0.5}O_2$ 固溶体修饰 Fe/SiC、Co/SiC、Ni/SiC 催化剂，这些催化剂均具有较好的催化甲烷燃烧性能[70~72]。这些研究表明，对于甲烷燃烧这样一个强放热的催化反应，采用导热性能良好的 SiC 为载体，可以明显提高催化剂的活性和稳定性。

3.2.3　甲烷化反应

我国能源结构的特点是"富煤、贫油、少气"，煤炭占我国一次能源消费的70％左右。长期以来，我国大量消耗煤炭对生态环境造成了一定程度的负面影响。而甲烷则被认为是一种清洁能源，因此煤制合成天然气在我国有特定的市场需求。煤制天然气过程中发生的关键化学反应就是甲烷化反应，包括CO甲烷化和CO_2甲烷化，都是和H_2反应产生甲烷和水。这两个反应都是强放热反应，尤其CO甲烷化放热更厉害。

$$CO + 3H_2 \longrightarrow CH_4 + H_2O \quad \Delta H_{298} = -206kJ/mol \tag{3-7}$$

$$CO_2 + 4H_2 \longrightarrow CH_4 + 2H_2O \quad \Delta H_{298} = -165kJ/mol \tag{3-8}$$

Vannice研究了不同贵金属催化剂对CO甲烷化活性的影响，结果发现，在单位金属表面上CO甲烷化反应速率的次序为：$Ru \gg Rh \approx Pd > Pt \approx Ir$[73]。虽然这些金属具有较好的甲烷化活性，但是由于价格昂贵，难以在工业上大规模应用。与以上金属相比，Ni由于活性高、甲烷选择性好、价格低廉，从而获得了广泛的研究和应用。但是，镍在反应条件下容易和常用的载体材料，如氧化硅和氧化铝，发生化学反应，形成催化活性很低的类尖晶石相。因此，化学性质稳定且导热性能良好的SiC材料，作为甲烷化催化剂的载体具有一定的优势。

于跃采用浸渍法制备了TiO_2、Al_2O_3、SiO_2和SiC等负载的镍催化剂，比较了这四种催化剂的CO甲烷化性能[74]。在Ni负载量均为13％（质量分数）的情况下，Ni/SiC和Ni/TiO_2的催化活性最高，Ni/Al_2O_3次之，Ni/SiO_2最低，如图3-14所示。即使在反应温度高于450℃时，Ni/SiO_2上CO的转化率还是低于40％。Ni/TiO_2催化剂虽然甲烷化活性高，但稳定性较差，反应100h后CO转化

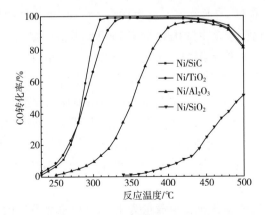

图3-14　几种甲烷化催化剂的活性比较

（反应条件：$p = 2MPa$，$H_2/CO = 3$，$GSV = 4500h^{-1}$）

率下降到不足 50%，而 Ni/SiC 催化剂上 CO 转化率仍然保持在 90% 以上，如图 3-15 所示。经过对反应前和反应后催化剂的物相分析，发现 Ni/SiC 和 Ni/TiO$_2$ 催化剂的积炭都很少，但反应过程中 Ni 组分会和 TiO$_2$ 发生反应，形成 NiTiO$_3$ 相，导致催化剂活性的迅速降低[75]。同时，作者还考察了第二金属组分 Co、Cu、Zn 的添加对 Ni/SiC 催化剂甲烷化活性的影响[76]。发现 Co 的添加可提高催化剂表面金属分散度，增加催化剂表面活性位的数量，从而促进催化剂对 CO 的吸附，提高催化剂的甲烷化活性。而 Cu 和 Zn 的添加则会覆盖部分活性组分，减少催化剂表面活性位的数量，降低催化剂的活性。

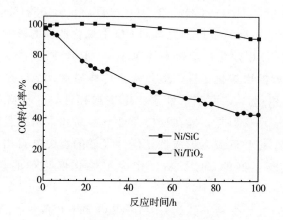

图 3-15　Ni/SiC 和 Ni/TiO$_2$ 催化剂的稳定性比较

（反应条件：p＝2MPa，H$_2$/CO＝3，GSV＝4500h^{-1}）

　　张国权等也比较了 Ni/SiC 和 Ni/Al$_2$O$_3$ 催化剂的 CO 甲烷化性能，发现 Ni/SiC 催化剂活性稳定、抗积炭性能好，而且容易再生[77]。此外，作者还发现 SiC 表面适度氧化可稳定 Ni 纳米颗粒，从而提高 Ni/SiC 催化剂的稳定性[78]。

　　CO$_2$ 加氢甲烷化反应是由法国化学家 Paul Sabatier 提出的，因此又叫作 Sabatier 反应[79]。反应过程是将按一定比例混合的 CO$_2$ 和 H$_2$ 通过装有催化剂的反应器，在一定温度和压力下，两者发生反应生成甲烷和水。目前，CO$_2$ 是各种含碳能源如煤、石油、天然气以及生物质等被利用和释放能量后的最终产物，这是一个单向的、不可持续的过程。实际上，碳在能源转化和利用过程中所起的作用只是一种能量的载体，因此应该是可以循环的[80]。从这个角度看，CO$_2$ 转化成 CH$_4$ 是构成碳能源"获取—加工—利用—再生"这一循环过程的一个重要环节，因而具有重要的战略意义。

　　职国娟利用浸渍法制备金属负载量为 15%（质量分数）的 Fe/SiC、Co/SiC、Ni/SiC 等催化剂，研究了这些催化剂对 CO$_2$ 甲烷化的活性和选择性，发现 Ni/SiC 无论在活性还是选择性上都远远优于其他两种催化剂[81]。作者还考察了助剂 La、Ce、Zr 对 Ni/SiC 催化剂活性的影响，发现 La、Ce、Zr 等助剂均可提高 Ni/SiC 催化剂的 CO_2 甲烷化活性。其中，助剂 La 的效果最为显著，在 15%（质量分数）的 Ni/SiC 催化剂中添加 5%（质量分数）的 La 可使催化剂的点火温度降低约 50℃。进一步研究发现，La 的添加可增强 NiO 与 SiC 之间的相互作用，有效抑制 Ni 颗粒的长大，同时 La 的添加也改变了 Ni 周围的电子云密度，使 CO_2 更容易活化[82]。其他研究组也发现，Ni-La/SiC 催化剂在 CO_2 甲烷化过程中具有较好的抗烧结性能和抗积炭性能，并将此归因于 SiC 载体良好的导热性能[83]。

3.2.4　甲醇转化

由于石油资源的日益减少，迫切需要开发新的化工路线以代替石油生产化学品。我国石油资源日渐贫乏，而煤炭资源相对丰富，因此以煤炭为原料制取化学品就显得更加重要。煤炭经气化可转变为合成气，后者合成甲醇是早已成熟了的工业化方法。因此，甲醇就成了最重要的煤炭清洁转化的平台化合物[84]。甲醇经过催化转化可以形成醛、酸、酯以及烷烃和芳烃等多种化学品。

在甲醇转化方面，目前研究得比较多的是甲醇制烯烃（methanol to olefins，MTO）、甲醇制芳烃（methanol to aromatics，MTA）以及甲醇制汽油（methanol to gasoline，MTG）。这几种过程都是强放热过程，反应温度也比较高，一般在 380~550℃ 之间，使用分子筛为催化剂。在甲醇转化过程中，产物的选择性跟反应温度关系密切。上面几个甲醇转化过程都强烈放热，而使用的分子筛催化剂导热性能又比较差，因此要将催化剂上活性位点的温度控制在希望的范围内有一定的难度。为了控制反应温度和反应物在分子筛孔道中的停留时间，Ivanova 等在 SiC 泡沫陶瓷表面原位合成了 ZSM-5 分子筛，并将这种 ZSM-5/SiC 复合型催化剂用于 MTO 过程[85]。和粉末状 ZSM-5 分子筛催化剂相比，ZSM-5/SiC 复合型催化剂表现出了更高的活性和选择性，以及更好的抗积炭性能，如图 3-16 所示[86]。他们还在 SiC 基底上原位合成出纤维状 ZSM-5 分子筛，研究了其对 MTG 过程的催化性能[87]。同一课题组还报道了 ZSM-5/SiC 复合型催化剂对甲醇、乙醇或两者混合物的 MTO 反应性能[88]。在这些反应中，复合型催化剂都表现出较高的醇转化率和低碳烯烃选择性。张劲松课题组在泡沫 SiC 陶瓷表面原位生长 ZSM-5 涂层后，研究了其甲醇制丙烯（methanol to propylene，MTP）催化性能，发现涂覆在 SiC 基底上的 ZSM-5 分子筛在 MTP 过程中表现出较高的丙烯选择性、丙烯/乙烯以及更好的稳定性[89~91]。SiC 负载的分子筛催化剂也被用于其他甲醇转化反应等，比如甲醇脱水制二甲醚和甲醇氧化羰化合成碳酸二甲酯等[92,93]。

采用不同的合成方法，可以在 SiC 基底上原位生长分子筛涂层。通常的粉末

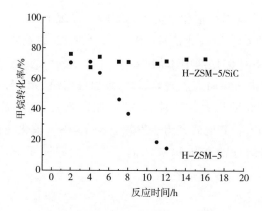

图 3-16　碳化硅负载的 ZSM-5 表现出
比单独 ZSM-5 更稳定的 MTO 性能[86]

状分子筛,如果晶粒太小的话,作为催化剂在反应过程中就会产生很大的床层阻力,增大催化剂床层前后的压力差。如果分子筛晶粒大,反应物在分子筛孔道中扩散距离增加,同时也会增加积炭的机会。在这种分子筛/SiC 复合型催化剂中,可以通过制备过程把分子筛的晶粒尺寸控制得比较小,从而缩短反应物在分子筛孔道中的停留和反应时间。另外,由于 SiC 具有良好的热传导性能,可以将分子筛孔道内发生化学反应产生的热量及时扩散开,避免局部分子筛温度过高。从以上两方面来看,分子筛/SiC 复合型催化剂在甲醇转化过程中不仅稳定性高,而且可以有效地控制产物的选择性。

3.2.5　其他放热反应

在其他的一些放热反应中,SiC 作为催化剂载体也表现出了优越的性能。Ledoux 等研究了饱和烷烃($C_6 \sim C_8$)在钼氧化物上的异构化反应,发现钼氧化物的晶格中掺杂碳原子形成的新物相(MoO_xC_y)是烷烃异构化的活性中心。通过对比不同载体发现,MoO_3/SiC 催化剂的异构化活性比 MoO_3/γ-Al_2O_3 高出约一个数量级,其原因在于 MoO_3 和 SiC 间相互作用较弱,在反应过程中 MoO_3 会转变为高活性的 MoO_xC_y 物相。而对 MoO_3/γ-Al_2O_3 催化剂来说,由于 MoO_3 和 Al_2O_3 间相互作用强,MoO_3 更容易转变为低活性的 MoO_2 物相[94~96]。SiC 负载的焦磷酸氧钒催化剂在丁烷直接氧化制马来酸的反应中也表现出较高的选择性和马来酸收率[97]。碳化硅良好的热导性可抑制高温下积炭的形成,从而使催化剂具有较好的性能。Berthet 等采用原子束沉积和等离子体沉积两种方法分别制备了 Pd/SiC 催化剂,比较了两种催化剂的 1,3-丁二烯加氢性能,发现两种催化剂都能选择性地得到丁烯,而不会发生完全加氢形成丁烷[98]。

3.3　苛刻条件下的反应

SiC 最显著的一个特征就是它的化学惰性，它几乎不与所有的酸和碱发生反应，这是其他氧化物载体难以做到的，因此特别适合用作酸、碱等苛刻条件下反应的催化剂载体。

3.3.1　H_2S 的选择性氧化

炼厂气、煤气、天然气中都含有少量的硫化氢（H_2S）。H_2S 是一种具有强腐蚀性的剧毒气体，在空气中燃烧后会产生 SO_2，后者是形成酸雨的主要因素之一。因此，在相对较低的温度下（$<200℃$）利用催化剂将 H_2S 选择性氧化成单质硫（S）和水，引起了人们的广泛关注。但是，H_2S 选择性氧化过程是在有 H_2S、水蒸气、S、SO_2 和 O_2 共同存在的条件下进行的，反应气体具有较强的腐蚀性。大部分氧化物载体在这种条件下都会发生反应，从而导致催化剂活性下降或者完全失活。

Ledoux 课题组研究了 SiC 负载的 NiS_2 和 Fe_2O_3 催化剂在 H_2S 选择性氧化反应中的性能，发现 NiS_2/SiC 催化剂在较低的温度下（$20\sim40℃$，或者 $100\sim120℃$）具有高活性和高选择性，而 Fe_2O_3/SiC 催化剂则在 $210\sim240℃$ 范围内表现出高活性和高选择性[99]。进一步研究发现，催化剂的活性与 SiC 表面非均匀分布的亲水区和疏水区有关。SiC 表面存在的氧（以 Si—O—C 或 Si—O—Si 形式存在）构成了亲水区，而不含氧的 SiC 表面则为疏水区。以浸渍法制备催化剂时，活性金属颗粒通常位于孔道内的亲水区域。当反应气氛中含水时，载体表面的亲水区就会形成一层水膜，它可以将反应生成的硫转运到孔道外面的疏水区域，从而使催化剂活性保持稳定[100,101]。对催化活性相的研究表明，部分氧化的 NiS_2 与部分硫化的氧化铁是 H_2S 选择性氧化的活性组分[102]。氮掺杂的碳纳米管修饰的 SiC 也可以催化 H_2S 选择性氧化，且表现出较高的活性和稳定性，在超过 100h 的测试中没有发现失活[103]。SiC 负载型催化剂在 H_2S 选择性氧化反应中之所以表现出高活性、高选择性以及高稳定性，与 SiC 表面独特的亲水和疏水性质以及 SiC 良好的热传导性能密切相关[104~106]。

3.3.2　合成氨

德国化学家 Haber 在 1908 年提出了高温高压下 N_2 和 H_2 在铁催化剂上反应合成氨（NH_3）的方法，因此这种方法被称为 Haber 法。由于铁催化剂效率较低，因此人们又进一步研究了 Ru/活性炭催化剂。后者虽然活性高，但在反应条件下活性炭载体容易与 H_2 发生甲烷化反应，导致催化剂结构塌陷。

合成氨是一种高温高压反应，同时产物氨具有较强的腐蚀性。福州大学郑勇等以 $RuCl_3$ 为前驱体通过浸渍法制备了 Ru/SiC 催化剂，发现以钡和钾为助剂时，催化剂表现出了较高的合成氨催化活性和稳定性[107]。在用溶胶-凝胶结合碳热还原法制备出 SiC 后，只用氢氟酸洗掉未反应的 SiO_2，而保留未反应的碳，就可以得到一种 C/SiC 复合物。以这种 C/SiC 复合物为载体的 Ru 催化剂，在合成氨过程也表现出了较好的催化性能[108]。

3.3.3 硫酸分解反应

随着化石资源的减少，许多学者将目光投向 H_2，认为 H_2 是未来可大规模利用的清洁能源。产生 H_2 的方式有很多，其中之一就是利用高温反应堆提供的热源，通过碘硫（IS）循环热化学分解水制氢，而硫酸分解就是 IS 循环中涉及的一个重要反应。

硫酸分解反应的动力学速度非常慢，在高温（600～950℃）以及有催化剂存在的条件下才能进行。苛刻的反应条件对催化剂稳定性提出了很高的要求。$CuFe_2O_4$ 和 $CuCr_2O_4$ 等复合氧化物催化剂对硫酸分解都具有较高的催化活性，但是催化剂表面硫酸盐的形成和聚集会使表面活性面积减少，从而引起催化剂失活。Pt/SiC 催化剂催化硫酸分解的活性不如 $CuFe_2O_4$ 和 $CuCr_2O_4$，但稳定性却明显优于前两者[109]。Lee 等发现，Pt/Al_2O_3 催化剂在使用过程中会产生大量的硫酸铝，从而使催化剂活性下降。他们在 Al_2O_3 载体上用化学气相沉积法涂覆了一层 SiC 膜，然后浸渍上 Pt，用于催化硫酸分解。图 3-17 是 SiC 涂覆后的 Pt/Al_2O_3 催化剂在 650℃、750℃ 和 850℃ 下催化硫酸分解的实验结果。没有涂覆的 Pt/Al_2O_3 催化剂在 650℃、750℃ 和 850℃ 下催化硫酸分解时，硫酸转化率分别为 0.2%、35.3% 和 60.1%。从图 3-17 可以看出，有 SiC 涂层的催化剂不仅催化性能稳定，而且催化活性也比没有涂层的 Pt/Al_2O_3 催化剂高出 10 个百分点以上[110]。

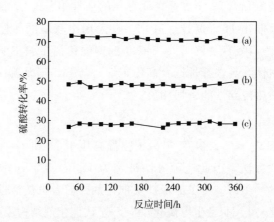

图 3-17 SiC 涂覆后 Pt/Al_2O_3 催化剂在 650℃（a）、
750℃（b）和 850℃（c）时的硫酸分解性能[110]

除了上面提到的几类反应以外，碳化硅还被用作许多有机反应的催化剂载体，比如铃木偶联反应[111]、苯甲醛加氢[112]、苯甲酰化[113]、傅克（Friedel-Crafts）反应[114,115]、纤维素热解反应[116]等。在这些过程中，以碳化硅为载体的催化剂都表现出较高的催化活性和稳定性。目前看来，高比表面积碳化硅是一个很好的多相催化剂载体，在高温、强放热、反应过程中涉及强腐蚀性物质等催化反应中，具有广阔的应用前景。

参考文献

[1] Saha D, Grappe H A, Chakraborty A, Orkoulas G. Postextraction separation, on-Board storage, and catalytic conversion of methane in natural gas: a review. Chem Rev, 2016, 116: 11436-11499.

[2] Basile F, Gallo P D, Fornasari G, Gary D, Rosetti V, Vaccari A. SiC as stable high thermal conductive catalyst for enhanced SR process. Stud Surf Sci Catal, 2007, 167: 313-318.

[3] Zou J M, Mu X H, Zhao W, Rukundo P, Wang Z J. Improved catalytic activity of SiC supported Ni catalysts for CO_2 reforming of methane via surface functionalizations. Catal Commun, 2016, 84: 116-119.

[4] Leroi P, Madani B, Pham-Huu C, Ledoux M J, SavinPoncet S, Bousquet J L. Ni/SiC: a stable and active catalyst for catalytic partial oxidation of methane. Catal Today, 2004, 91-92: 53-58.

[5] 王军科, 胡云行. 甲烷直接部分氧化制合成气催化剂进展. 天然气化工, 1995, 20(6): 43-46.

[6] 孙卫中. 甲烷部分氧化 Ni/SiC 催化剂的研究. 北京: 中国科学院研究生院, 2006.

[7] Sun W Z, Jin G Q, Guo X Y. Partial oxidation of methane to syngas over Ni/SiC catalysts. Catal Commun, 2005, 6: 135-139.

[8] Wang Q, Sun W Z, Jin G Q, Wang Y Y, Guo X Y. Biomorphic SiC pellets as catalyst support for partial oxidation of methane to syngas. Appl Catal B, 2008, 79: 307-312.

[9] Shang R J, Wang Y Y, Jin G Q, Guo X Y. Partial oxidation of methane over nickel catalysts supported on nitrogen-doped SiC. Catal Commun, 2009, 10: 1502-1505.

[10] Shang R J, Sun W Z, Wang Y Y, Jin G Q, Guo X Y. Silicon nitride supported nickel catalyst for partial oxidation of methane to syngas. Catal Commun, 2008, 9: 2103-2106.

[11] Buelens L C, Galvita V V, Poelman H, Detavernier C, Marin G B. Super-dry reforming of methane intensifies CO_2 utilization via Le Chatelier's principle. Science, 2016, 354(6311): 449-452.

[12] Liu H T, Li S H, Zhang S B, Chen L, Zhou G J, Wang J M, Wang X L. Catalytic performance of monolithic foam Ni/SiC catalyst in carbon dioxide reforming of methane to synthesis gas. Catal Lett, 2008, 120: 111-115.

[13] 郭鹏飞. 甲烷二氧化碳重整 Ni/SiC 催化剂的研究. 北京: 中国科学院研究生院, 2014.

[14] 郭鹏飞, 靳国强, 郭聪秀, 王英勇, 童希立, 郭向云. Yb_2O_3 助剂对 Ni/SiC 催化剂甲烷二氧化碳重整性能的影响. 燃料化学学报, 2014, 42(6): 719-726.

[15] 王冰, 郭聪秀, 王英勇, 靳国强, 郭向云. Ni-Sm_x/SiC 催化剂甲烷二氧化碳重整性能的研究. 燃料化学学报, 2016, 44(5): 587-596.

[16] Aw M S, Zorko M, Djinovic P, Pintar A. Insights into durable NiCo catalysts on β-SiC/$CeZrO_2$ and γ-Al_2O_3/$CeZrO_2$ advanced supports prepared from facile methods for CH_4-CO_2 dry reforming. Appl Catal B, 2015, 164: 100-112.

[17] Hoffmann C, Plate P, Steinbrück A, Kaskel S. Nanoporous silicon carbide as nickel support for the carbon

dioxide reforming of methane.Catal Sci Technol,2015,5:4174-4183.

[18]Palma V,Martino M,Meloni E,Ricca A.Novel structured catalysts configuration for intensification of steam reforming of methane.Int J Hydrogen Energy,2017,42:1629-1638.

[19]Ricca A,Palma V,Martino M,Meloni E.Innovative catalyst design for methane steam reforming intensification.Fuel,2017,198:175-182.

[20]Li C L,Xu H Y,Hou S F,Sun J,Meng F Q,Ma J G,Tsubaki N.SiC foam monolith catalyst for pressurized adiabatic methane reforming.Appl Energy,2013,107:297-303.

[21]Kim A R,Lee H Y,Kim B W,Chung C H,Moon D J,Jang E J,Pang C,Bae J W.Combined steam and CO_2 reforming of CH_4 on $LaSrNiO_x$ mixed oxides supported on Al_2O_3-modified SiC support.Energy Fuels,2015,29:1055-1065.

[22]Song C S.Tri-reforming:A new process for reducing CO_2 emissions.Chem Innovation,2001,31(1):21-26.

[23]Song C S,Pan W.Tri-reforming of methane:a novel concept for catalytic production of industrially useful synthesis gas with desired H_2/CO ratios.Catal Today,2004,98:463-484.

[24]García-Vargas J M,Valverde J L,Lucas-Consuegra A D,Gómez-Monedero B,Sánchez P,Dorado F.Precursor influence and catalytic behaviour of Ni/CeO_2 and Ni/SiC catalysts for the tri-reforming process.Appl Catal A,2012,431-432:49-56.

[25]García-Vargas J M,Valverde J L,Lucas-Consuegra A D,Gómez-Monedero B,Dorado F,Sánchez P.Methane tri-reforming over a Ni/β-SiC-based catalyst:optimizing the feedstock composition.Int J Hydrogen Energy,2013,38(11):4524-4532.

[26]García-Vargas J M,Valverde J L,Díez J,Sánchez P,Dorado F.Influence of alkaline and alkaline-earth co-cations on the performance of Ni/β-SiC catalysts in the methane tri-reforming reaction.Appl Catal B,2014,148-149:322-329.

[27]García-Vargas J M,Valverde J L,Díez J,Sánchez P,Dorado F.Preparation of Ni-Mg/β-SiC catalysts for the methane tri-reforming:Effect of the order of metal impregnation.Appl Catal B,2015,164:316-323.

[28]Serres T,Aquino C,Mirodatos C,Schuurman Y.Influence of the composition/texture of Mn-Na-W catalysts on the oxidative coupling of methane.Appl Catal A,2015,504:509-518.

[29]Schwach P,Pan X L,Bao X H.Direct conversion of methane to value-added chemicals over heterogeneous catalysts:challenges and prospects.Chem Rev,2017,117:8497-8520.

[30]Samarth R D,Chen S Y,Dooley K M.Dual-bed strategies to improve hydrocarbon yields in the oxidative coupling of methane.Appl Catal B,1994,5:71-88.

[31]Choudhary V R,Mulla S A R,Uphade B S.Oxidative coupling of methane over supported La_2O_3 and La-promoted MgO catalysts:influence of catalyst-support interactions.Ind Eng Chem Res,1997,36:2096-2100.

[32]Choudhary V R,Mulla S A R,Uphade B S.Influence of support on surface basicity and catalytic activity in oxidative coupling of methane of Li-MgO deposited on different commercial catalyst carriers.J Chem Technol Biotechnol,1998,72:99-104.

[33]Liu H T,Yang D X,Gao R X,Chen L,Zhang S B,Wang X L.A novel Na_2WO_4-Mn/SiC monolithic foam catalyst with improved thermal properties for the oxidative coupling of methane.Catal Commun,2008,9:1302-1306.

[34]Yildiz M,Simon U,Otremba T,Aksu Y,Kailasam K,Thomas A,Schomäcker R,Arndt S.Support material variation for the Mn_xO_y-Na_2WO_4/SiO_2 catalyst.Catal Today,2014,228:5-14.

[35]Palermo A,Pedro J,Vazquez H,Lee A F,Tikhov M S,Lambert R M.Critical influence of the amorphous silica-to-cristobalite phase transition on the performance of $Mn/Na_2WO_4/SiO_2$ catalysts for the oxidative coupling of methane.J Catal,1998,177:259-266.

[36]Wang H,Schmack R,Paul B,Albrecht M,Sokolov S,Rümmler S,Kondratenko E V,Kraehnert R.Porous silicon carbide as a support for Mn/Na/W/SiC catalyst in the oxidative coupling of methane.Appl Catal A,2017,537:33-39.

[37]Sattler J J H B,Ruiz-Martinez J,Santillan-Jimenez E,Weckhuysen B M.Catalytic dehydrogenation of light alkanes on metals and metal oxides.Chem Rev,2014,114:10613-10653.

[38]Harlin M E,Krause A O I,Heinrich B,Pham-Huu C,Ledoux M J.Dehydrogenation of n-butane over carbon modified MoO_3 supported on SiC.Appl Catal A,1999,185:311-322.

[39]Wang L S,Tao L X,Xie M S,Xu G F,Huang J S,Xu Y D.Dehydrogenation and aromatization of methane under non-oxidizing conditions.Catal Lett,1993,21:35-41.

[40]Ivanova S,Louis B,Ledoux M J,Pham-Huu C.Autoassembly of nanofibrous zeolite crystals via silicon carbide substrate self-transformation.J Am Chem Soc,2007,129:3383-3391.

[41]Wang Y Y,Jin G Q,Guo X Y.Growth of ZSM-5 coating on biomorphic porous silicon carbide derived from durra.Micropor Mesopor Mater,2009,118:302-306.

[42]Gu L,Ma D,Yao S D,Liu X M,Han X W,Shen W J,Bao X H.Template-synthesized porous silicon carbide as an effective host for zeolite catalysts.Chem Eur J,2009,15:13449-13455.

[43]Gu L J,Ma D,Hu G,Wu J J,Wang H X,Sun C Y,Yao S D,Shen W J,Bao X H.Fabrication and catalytic tests of MCM-22/silicon carbide structured catalysts.Dalton Trans,2010,39:9705-9710.

[44]Ba H,Luo J J,Liu Y F,Duong-Viet C,Tuci G,Giambastiani G,Nhut J M,Nguyen-Dinh L,Ersen O,Su D S,Pham-Huu C.Macroscopically shaped monolith of nanodiamonds @nitrogen-enriched mesoporous carbon decorated SiC as a superior metal-free catalyst for the styrene production.Appl Catal B,2017,200:343-350.

[45]Liu S L,Xiong G X,Dong H,Yang W S.Effect of carbon dioxide on the reaction performance of partial oxidation of methane over a LiLa NiO/γ-Al_2O_3 catalyst.Appl Catal A,2000,202:141-146.

[46]Sautel M,Thomas G,Kaddouri A,Mazzocchia C,Anouchinsky R.Kinetics of oxidative dehydrogenation of propane on the β phase of nickel molybdate.Appl Catal A,1997,155:217-228.

[47]Xu J,Liu Y M,Xue B,Li Y X,Cao Y,Fan K N.A hybrid sol-gel synthesis of mesostructured SiC with tunable porosity and its application as a support for propane oxidative dehydrogenation.Phys Chem Chem Phys,2011,13:10111-10118.

[48]Nguyen T T,Burel L,Nguyen D L,Pham-Huu C,Millet J M M.Catalytic performance of MoVTeNbO catalyst supported on SiC foam in oxidative dehydrogenation of ethane and ammoxidation of propane.Appl Catal A,2012,433-434:41-48.

[49]Leckel D.Diesel production from Fischer-Tropsch:the past,the present,and new concepts.Energy Fuels,2009,23:2342-2358.

[50]温晓东,杨勇,相宏伟,焦海军,李永旺.费-托合成铁基催化剂的设计基础:从理论走向实践.中国科学,2017,47(11):1298-1311.

[51]Liu Y F,Ersen O,Meny C,Luck F,Pham-Huu C.Fischer-Tropsch reaction on a thermally conductive and reusable silicon carbide support.Chem Sus Chem,2014,7:1218-1239.

[52]Pham H C,Ledoux M J,Savin P S,Savin-Poncet S,Ledoux M,Pham-Huu C,Bousquet J,Madani B.

Fisher-Tropsch hydrocarbon synthesis comprises using a metal and a beta silicon carbide support: FR2864532-A1.2005.

[53]Philippe R,Lacroix M,Dreibine L,Pham-Huu C,Edouard D,Savin S,Luck F,Schweich D.Effect of structure and thermal properties of a Fischer-Tropsch catalyst in a fixed bed. Catal Today, 2009, 147S: S305-S312.

[54]Lacroix M,Dreibine L,Tymowski B,Vigneron F, Edouard D,Bégin D,Nguyen P,Pham C,Savin-Poncet S,Luck F,Ledoux M J,Pham-Huu C.Silicon carbide foam composite containing cobalt as a highly selective and re-usable Fischer-Tropsch synthesis catalyst.Appl Catal A,2011,397:62-72.

[55]Osa A R,Lucas A D,Romero A,Valverde J L,Sánchez P.Influence of the catalytic support on the industrial Fischer-Tropsch synthetic diesel production.Catal Today,2011,176:298-302.

[56]于良松.碳化硅负载钴催化剂在 FT 合成中的应用.上海:中国科学院上海高等研究院,2013.

[57]Tymowski B,Liu Y F,Meny C,Lefèvre C,Begin D,Nguyen P,Pham C,Edouard D,Luck F,Pham-Huu C.Co-Ru/SiC impregnated with ethanol as an effective catalyst for the Fischer-Tropsch synthesis.Appl Catal A,2012,419:31-40.

[58]Liu Y,Edouard D,Nguyen L D,Begin D,Nguyen P,Pham C,Pham-Huu C.High performance structured platelet milli-reactor filled with supported cobalt open cell SiC foam catalyst for the Fischer-Tropsch synthesis.Chem Eng J,2013,222:265-273.

[59]Osa A R,Lucas A D,Diaz-Maroto J,Romero A,Valverde J L,Sánchez P.FTS fuels production over different Co/SiC catalysts.Catal Today,2012,187:173-182.

[60]Koo H M,Lee B S,Park M J,Moon D J,Roh H S,Bae J W.Fischer-Tropsch synthesis on cobalt/Al_2O_3-modified SiC catalysts:effect of cobalt-alumina interactions.Catal Sci Technol,2014,4:343-351.

[61]Lee B S,Koo H M,Park M J,Lim B,Moon D J,Yoon K J,Bae J W.Deactivation behavior of Co/SiC Fischer-Tropsch catalysts by formation of filamentous carbon.Catal Lett,2013,143:18-22.

[62]Liu Y F,Tymowski B,Vigneron F,Florea I,Ersen O,Meny C,Nguyen P,Pham C,Luck F,Pham-Huu C. Titania-decorated silicon carbide-containing cobalt catalyst for Fischer-Tropsch synthesis. ACS Catal, 2013,3:393-404.

[63]Lee J H,Trimm D L.Catalytic combustion of methane.Fuel Process Technol,1995,42:339-359.

[64]Méthivier Ch,Béguin B,Brun M,Massardier J,Bertolini J C.Characterization and catalytic activity for the methane total oxidation.J Catal,1998,173:374-382.

[65]郭晓宁.甲烷催化燃烧碳化硅催化剂的研究.太原:中国科学院山西煤炭化学研究所,2012.

[66]Guo X N,Shang R J,Wang D H,Jin G Q,Guo X Y,Tu K N.Avoiding loss of catalytic activity of Pd nanoparticles partially embedded in nanoditches in SiC nanowires.Nanoscale Res Lett,2010,5:332-337.

[67]Guo X N,Zhi G J,Yan X Y,Jin G Q,Guo X Y,Brault P.Methane combustion over $Pd/ZrO_2/SiC$,Pd/CeO_2/SiC,and $Pd/Zr_{0.5}Ce_{0.5}O_2/SiC$ catalysts.Catal Commu,2011,12:870-874.

[68]Frind R,Borchardt L,Kockrick E,Mammitzsch L,Petasch U,Herrmann M,Kaskel S.Complete and partial oxidation of methane on ceria/platinum silicon carbide nanocomposites.Catal Sci Technol,2012,2: 139-146.

[69]Hoffmann C,Biemelt T,Lohe M R,Rümmeli M H,Kaskel S.Nanoporous and highly active silicon carbide supported CeO_2-catalysts for the methane oxidation reaction.Small,2014,10(2):316-322.

[70]Guo X N,Brault P,Zhi G J,Caillard A,Jin G Q,Coutanceau C.Baranton S,Guo X Y.Synergistic combination of plasma sputtered Pd-Au bimetallic nanoparticles for catalytic methane combustion. J Phys Chem

C,2011,115:11240-11246.

[71]Guo X N,Brault P,Zhi G J,Caillard A,Jin G Q,Guo X Y.Structural evolution of plasma-sputtered core-shell nanoparticles for catalytic combustion of methane.J Phys Chem C,2011,115(49):24164-24171.

[72]焦志锋,董莉莉,郭晓宁,靳国强,郭向云,王晓敏.$Ce_{0.5}Zr_{0.5}O_2$修饰的 Ni/SiC、Fe/SiC 和 Co/SiC 催化燃烧甲烷性能.物理化学学报,2014,30(10):1941-1946.

[73]Vannice M A.The catalytic synthesis of hydrocarbons from H_2/CO mixtures over the group Ⅷ metals：Ⅰ.The specific activities and product distributions of supported metals.J Catal,1975,37(1):449-461.

[74]于跃.一氧化碳甲烷化 Ni/SiC 催化剂的研究.太原:中国科学院山西煤炭化学研究所,2013.

[75]Yu Y,Jin G Q,Wang Y Y,Guo X Y.Synthetic natural gas from CO hydrogenation over silicon carbide supported nickel catalysts.Fuel Process Technol,2011,92:2293-2298.

[76]Yu Y,Jin G Q,Wang Y Y,Guo,X Y.Synthesis of natural gas from CO methanation over SiC supported Ni-Co bimetallic catalysts.Catal Commu,2013,31:5-10.

[77]Zhang G Q,Sun T J,Peng J X,Wang S,Wang S D.A comparison of Ni/SiC and Ni/Al_2O_3 catalyzed total methanation for production of synthetic natural gas.Appl Catal A,2013,462-463:75-81.

[78]Zhang G Q,Peng J X,Sun T J,Wang S D.Effects of the oxidation extent of the SiC surface on the performance of Ni/SiC methanation catalysts.Chin J Catal,2013,34:1745-1755.

[79]Sun D,Simakov D S A.Thermal management of a Sabatier reactor for CO_2 conversion into CH_4：Simulation-based analysis.J CO_2 Util,2017,21:368-382.

[80]何鸣元,孙予罕.绿色碳科学——化石能源增效减排的科学基础.中国科学·化学,2011,41(5):925-932.

[81]职国娟.二氧化碳甲烷化 Ni/SiC 催化剂的研究.北京:中国科学院研究生院,2012.

[82]Zhi G J,Guo X N,Wang Y Y,Jin G Q,Guo X Y.Effect of La_2O_3 modification on the catalytic performance of Ni/SiC for methanation of carbon dioxide.Catal Commu,2011,16:56-59.

[83]Li L,Zheng J,Liu Y F,Wang W,Huang Q S,Chu W.Impacts of SiC carrier and nickel precursor of NiLa/support catalysts for CO_2 selective hydrogenation to synthetic natural gas（SNG）.Chemistry Select,2017,2(13):3750-3757.

[84]郭向云,王建国.煤炭清洁高效转化中的碳一化学与催化研究进展//科学发展报告.北京:科学出版社,2015:60-65.

[85]Ivanova S,Lebrun C,Vanhaecke E,Pham-Huu C,Louis B.Influence of the zeolite synthesis route on its catalytic properties in the methanol to olefin reaction.J Catal,2009,265:1-7.

[86]Ivanova S,Louis B,Madani B,Tessonnier J P,Ledoux M J,Pham-Huu C.ZSM-5 coatings on β-SiC monoliths：possible new structured catalyst for the methanol-to-olefins process.J Phys Chem C,2007,111:4368-4374.

[87]Ivanova S,Louis B,Ledoux M J,Pham-Huu C.Autoassembly of nanofibrous zeolite crystals via silicon carbide substrate self-transformation.J Am Chem Soc,2007,129:3383-3391.

[88]Ivanova S,Vanhaecke E,Dreibine L,Louis B,Pham C,Pham-Huu C.Binderless HZSM-5 coating on β-SiC for different alcohols dehydration.Appl Catal A,2009,359:151-157.

[89]Jiao Y L,Jiang C H,Yang Z M,Zhang J S.Controllable synthesis of ZSM-5 coatings on SiC foam support for MTP application.Micropor Mesopor Mater,2012,162:152-158.

[90]Jiao Y L,Yang X D,Jiang C H,Tian C,Yang Z M,Zhang J S.Hierarchical ZSM-5/SiC nano-whisker/SiC foam composites：preparation and application in MTP reactions.J Catal,2015,332:70-76.

[91]Jiao Y L,Fan X L,Perdjon M,Yang Z M,Zhang J S.Vapor-phase transport（VPT）modification of ZSM-

5/SiC foam catalyst using TPAOH vapor to improve the methanol-to-propylene（MTP）reaction. Appl Catal A,2017,545:104-112.

[92]Ivanova S,Vanhaecke E,Louis B,Libs S,Ledoux M J,Rigolet S,Marichal C,Pham C,Luck F,Pham-Huu C.Efficient synthesis of dimethyl ether over HZSM-5 supported on medium-surface-area β-SiC Foam. Chem Sus Chem,2008,1:851-857.

[93]Rebmann G,Keller V,Ledoux M J,Keller N.Cu-Y zeolite supported on silicon carbide for the vapour phase oxidative carbonylation of methanol to dimethyl carbonate.Green Chem,2008,10:207-213.

[94]Pham-Huu C,Gallo P D,Peschiera E,Ledoux M J.n-Hexane and n-heptane isomerization at atmospheric and medium pressure on MoO_3-carbon-modified supported on SiC and γ-Al_2O_3.Appl Catal A,1995,132: 77-96.

[95]Gallo P D,Pham-Huu C,Bouchy C,Estournes C,Ledoux M J.Effect of the total activation pressure on the structural and catalytic performance of the SiC supported MoO_3-carbon-modified catalyst for the n-heptane isomerization.Appl Catal A,1997,156:131-149.

[96]Pham-Huu C,Bouchy C,Dintzer T,Ehret G,Estournes C,Ledoux M J.High surface area silicon carbide doped with zirconium for use as catalyst support:preparation,characterization and catalytic application. Appl Catal A,1999,180:385-397.

[97]Ledoux M J,Crouzet C,Pham-Huu C,Turines V,Kourtakis K,Mills P L,Lerou J J.High-yield butane to maleic anhydride direct oxidation on vanadyl pyrophosphate supported on heat-conductive materials:β-SiC,Si_3N_4,and BN.J Catal,2001,203:495-508.

[98]Berthet A,Thomann A L,Cadete Santos Aires F J,Brun M,Deranlot C,Bertolini J C,Rozenbaum J P, Brault P,Andreazza P.Comparison of Pd/（Bulk SiC）catalysts prepared by atomic beam deposition and plasma sputtering deposition:characterization and catalytic Properties.J Catal,2000,190:49-59.

[99]Keller N,Pham-Huu C,Crouzet C,Ledoux M J,Savin-Poncet S,Nougayrede J B,Bousquet J.Direct oxidation of H_2S into S:new catalysts and processes based on SiC support.Catal Today,1999,53:535-542.

[100]Ledoux M J,Pham-Huu C,Keller N,Nougayrede J B,Savin-Poncet S,Bousquet J.Selective oxidation of H_2S in Claus tail-gas over SiC supported NiS_2 catalyst.Catal Today,2000,61:157-163.

[101]Keller N,Pham-Huu C,Estournès C,Ledoux M J.Low temperature use of SiC-supported NiS_2-based catalysts for selective H_2S oxidation Role of SiC surface heterogeneity and nature of the active phase. Appl Catal A,2002,234:191-205.

[102]Keller N,Vieira R,Nhut J M,Pham-Huu C,Ledoux M J.New catalysts based on silicon carbide support for improvements in the sulfur recovery:silicon carbide as support for the selective H_2S oxidation.J Braz Chem Soc,2005,16(2):202-209.

[103]Duong-Viet C,Truong-Phuoc L,Tran-Thanh T,Nhut J M,Nguyen-Dinh L,Janowska I,Begin D,Pham-Huu C.Nitrogen-doped carbon nanotubes decorated silicon carbide as a metal-free catalyst for partial oxidation of H_2S.Appl Catal A,2014,482:397-406.

[104]Keller N,Pham-Huu C,Ledoux M J.Continuous process for selective oxidation of H_2S over SiC-supported iron catalysts into elemental sulfur above its dewpoint.Appl Catal A,2001,217:205-217.

[105]Nguyen P,Edouard D,Nhut J M,Ledoux M J,Pham C,Pham-Huu C.High thermal conductive β-SiC for selective oxidation of H_2S:A new support for exothermal reactions.Appl Catal B,2007,76:300-310.

[106]Nguyen P,Nhut J M,Edouard D,Pham C,Ledoux M J,Pham-Huu C.Fe_2O_3/β-SiC:A new high efficient catalyst for the selective oxidation of H_2S into elemental sulfur.Catal Today,2009,141:397-402.

[107]郑勇,郑瑛,于伟鹏,王榕,魏可镁.碳化硅为载体的氨合成催化剂的制备及性能研究.无机化学学报,
2008,24:1007-1011.

[108]Zheng Y,Zheng Y,Li Z H,Yu H Y,Wang R,Wei K M.Preparations of C/SiC composites and their use
as supports for Ru catalyst in ammonia synthesis.J Mole Catal A,2009,301:79-83.

[109]Zhang P,Su T,Chen Q H,Wang L J,Chen S Z,Xu J M.Catalytic decomposition of sulfuric acid on com-
posite oxides and Pt/SiC.Int J Hydrogen Energy,2012,37:760-764.

[110]Lee S Y,Jung H,Kim W J,Shul Y G,Jung K D.Sulfuric acid decomposition on Pt/SiC-coated-alumina
catalysts for SI cycle hydrogen production.Int J Hydrogen Energy,2013,38:6205-6209.

[111]Yuan H,Liu H Y,Zhang B S,Zhang L Y,Wang H H,Su D S.A Pd/CNT-SiC monolith as a robust cata-
lyst for Suzuki coupling reactions.Phys Chem Chem Phys,2014,16:11178-11181.

[112]Zhou Y H,Li X Y,Pan X L,Bao X H.A highly active and stable Pd-TiO_2/CDC-SiC catalyst for hydro-
genation of 4-carboxybenzaldehyde.J Mater Chem,2012,22:14155-14159.

[113]Winé G,Tessonnier J P,Pham-Huu C,Ledoux M J.Beta zeolite supported on a macroscopic pre-shaped
SiC as a high performance catalyst for liquid-phase benzoylation.Chem Commun,2002(20):2418-2419.

[114]Winé G,Tessonnier J P,Rigolet S,Marichal C,Ledoux M J,Pham-Huu C.Beta zeolite supported on a β-
SiC foam monolith:A diffusionless catalyst for fixed-bed Friedel-Crafts reactions.J Mol Catal A,2006,
248:113-120.

[115]Winé G,Ledoux M J,Pham-Huu C.Supported BETA zeolite on preshaped β-SiC as clean Friedel-Crafts
liquid-phase catalyst.Top Catal,2007,45:111-116.

[116]Church T L,Fallani S,Liu J,Zhao M,Harris A T.Novel biomorphic Ni/SiC catalysts that enhance cellu-
lose conversion to hydrogen.Catal Today,2012,190:98-106.

第 4 章

高比表面积碳化硅光催化应用

能源是现代社会发展的动力，目前全世界所消耗能源的 90% 仍然由化石燃料（煤、石油、天然气等）提供。随着全球人口的急剧膨胀以及人民生活水平的不断提高，人类所消耗的能量正在以指数方式增加。因此，由化石燃料大量消耗所产生的环境问题也越来越多。此外，地球上蕴藏的化石燃料的资源是有限的，而且正在以前所未有的速度减少。要保持人类社会的可持续发展，就必须解决好能源短缺和环境污染这两大难题。

20 世纪 70 年代，日本学者 Fujishima 和 Honda 发现采用 TiO_2 光电极和 Pt 电极组成的光电化学体系可使水分解为氢气和氧气[1]。由于 H_2 是一种得到普遍认可的清洁能源，这一发现有望解决人类社会发展所面临的能源短缺和环境污染两大难题。据估计，太阳辐射到达地表的能量高达 3.0×10^{24} J，大约相当于人类每年消耗的全部能量的 10000 倍[2]。因此，Fujishima 和 Honda 的发现拉开了太阳能光催化研究的序幕。

根据 Fujishima 和 Honda 的分析，采用合适的半导体材料可以不需要外加电压，完全依靠太阳光使水分解。因此，光催化研究一开始主要集中在寻找新的能分解水的半导体材料上。经过四十多年的发展，人们深入研究了金属氧化物（如 TiO_2、WO_3、$\alpha\text{-}Fe_2O_3$、ZnO 等）、金属硫化物（如 CdS、ZnS 等）、具有钙钛矿结构的氧化物（$SrTiO_3$、$Sr_2Nb_2O_7$）、混合金属氧化物（如 $BiVO_4$、$TiVO_4$ 等）

以及由它们形成异质结以后的光催化材料等。但是，这些材料的光吸收大多仅局限于紫外光区域，并且自身不够稳定，容易发生化学或光化学腐蚀。由于紫外光在太阳光谱中不到4％，而可见光占43％，因此，要更充分地利用太阳能，则必须研究化学性质稳定、能高效吸收可见光的材料。高比表面积SiC的晶型一般为立方型（3C-SiC，也称β-SiC），其禁带宽度约2.4eV，能够响应可见光，而且化学性质非常稳定，被认为是一种环境友好的光催化材料。近年来，SiC作为光催化材料逐渐引起了人们的关注，相关的研究工作也越来越多。

　　本章先简单介绍一下SiC光催化的一般机理，然后介绍SiC在光催化分解水制氢、光催化降解污染物、光催化CO$_2$还原以及光催化有机合成等方面的应用情况。

4.1 碳化硅光催化的一般原理

　　SiC的光催化性能与其半导体性质有关，对半导体中电子的运动一般用能带理论描述。能带理论的出发点是，固体中的电子不再受单个原子的束缚，而是可以在整个固体内部运动，或者说电子是在一个具有晶格周期性的电场中运动的。我们知道，半导体中的一个个原子组成了具有周期性结构的晶格。每一个原子都有多个特定的能级，电子依据能量高低分布在不同的能级上。半导体中，周期性排列的原子由于相互间距离很近会发生相互作用，其结果是使原子固有的能级发生分裂，形成多个能量间隔很小的能级。由于这些能级比较接近，电子在不同能级间跃迁所需要的能量非常小，因此可以将这些能量间隔很小的能级看成一个能带。根据理论计算，晶格原子可以形成多个能带，各能带之间没有能级，这些能带之间的"空隙"称为禁带。半导体中的电子，按照能量从低到高的顺序依次填满这些能带。那些基本上填满的能带称为价带，而那些没有或只有很少电子的能带则称为导带。图4-1通过简单形象的方式，说明了半导体中价带、禁带和导带的区别[3]。

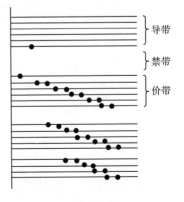

图4-1　半导体的价带、禁带和导带[3]

　　半导体的导电性能由价带顶边上的"空穴"或者导带底边上的电子决定，因此加热或者光照使价带中的一些电子跃迁到导带都会增加半导体的导电性。导带上的电子能量高，受晶格原子的束缚力较小，容易进入吸附物种的分子轨道，使其活化，发生还原反应。同样，价带上的空穴对吸附物种的电子具有强烈的吸引作用，能够夺取吸附物种分子轨道上的电子，使其发生氧化。无论是导带上的电子还是价带上的空穴，其还原或者氧化能力，都跟其在导带或价带上的位置有关。一般来讲，导带电子都是从价带顶边跃迁到导带底边的，因此电子的还原能力和空穴的氧化能力跟导带底边和价带顶边的电势有关。

在 SiC 中，碳原子的 2s 和 2p 轨道发生杂化，硅原子的 3s 和 3p 轨道发生杂化，都形成了 sp^3 杂化轨道。当碳原子和硅原子的 sp^3 杂化轨道互相接近时，各自贡献一个电子形成 δ 键。由于碳原子的 sp^3 杂化轨道更靠近原子核，对共享电子对的吸引力更大，因此在 SiC 中碳原子和硅原子分别表现出阴离子和阳离子的一些特性。在形成 C—Si 化学键的各种原子轨道中，能量最低的是碳原子的 2s 轨道，能量最高的是硅原子的 3p 轨道，因此 SiC 半导体的价带（满带）由碳原子的 2s 轨道组成，而导带（空带）由硅原子的 3p 轨道组成[4]。碳化硅光催化能力跟激发电子和空穴的电势有关，这两者主要由碳原子 2s 轨道和硅原子 3p 轨道的能量决定。Yasuda 等人的电化学测试结果表明，n-型立方相 SiC（β-SiC）的导带底边势约 −0.7V，价带顶边势约 +1.5V[5]。这一结果与大多数文献报道的立方相 SiC 的禁带宽度（约 2.4eV）是相近的。

用光照射半导体时，只有当入射光光子的能量（$h\upsilon_0$）大于或等于半导体的禁带宽度（E_g）时，光才会被吸收 [图 4-2（a）]。半导体价带上的电子获得足够的能量后跃迁到导带，在导带上形成高能量的自由电子，同时在价带留下带正电荷的空穴 [图 4-2（b）]。光激发产生的电子和空穴具有一定的还原和氧化能力。光生电子的还原能力与半导体导带底边的电势（E_c）有关，E_c 越负，电子的还原能力越强。同理，半导体价带顶边的电势（E_v）越正，光生空穴的氧化能力越强。值得注意的是，光激发产生的电子（e^-）和空穴（h^+）必须迁移到半导体表面才能发挥还原和氧化作用，因为只有在半导体表面才会有可被还原或氧化的吸附态分子。在向表面扩散的过程中，光生电子和空穴还可能发生复合，如图 4-3 所示[6]。图中，Red 和 Ox 分别表示可被氧化或还原的吸附态分子。因此，在设计光催化剂时，一个非常重要的策略就是抑制光生电子和空穴的复合，包括添加牺牲剂、采用异质结、用金属纳米颗粒抽提或转移光生电子等。

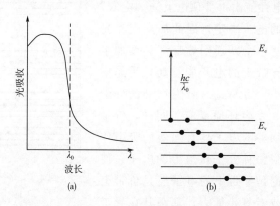

图 4-2 半导体的光吸收和价带电子激发示意图

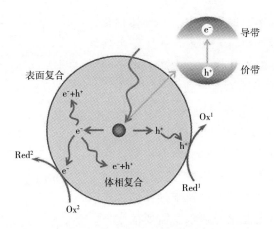

图 4-3　半导体的光催化原理[6]

　　涉及具体的反应体系时，光催化的机理将变得十分复杂。尽管发表的文献一般都会讨论到光催化机理，但大多数都是根据某些实验结果进行的推测。

4.2　光催化分解水

　　氢由于具有放热效率高、清洁以及可再生等特点，被认为是 21 世纪最理想的清洁能源。通常，氢气由化石原料，如煤、石油、天然气等来制备。这些制氢过程不仅消耗大量的能量，而且会产生大量的 CO_2 排放。光催化分解水是在光催化剂存在的条件下，利用太阳能将水分解为氢气和氧气的过程（图 4-4）。由于太阳能可以看作是无穷无尽的，分解水又不产生 CO_2 排放，因此人们认为光催化分解水是一种可持续的、能够彻底解决能源短缺问题的理想方案。

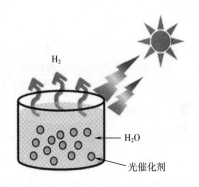

图 4-4　太阳光分解水示意图[7]

　　光催化分解水的关键是催化剂材料。作为光催化剂的半导体材料，首先应该能在可见光照射时发生电子从价带到导带的跃迁。从上一节介绍知道，半导体禁带宽度越大，电子发生跃迁所需要的光的波长越短。从利用太阳光的效率上来说，半导体的带隙应该尽可能地小。常见的半导体光催化剂是 TiO_2，禁带宽度约为 3.2eV，根据公式（4-1）可知，只有波长小于 390nm 的光才能激发 TiO_2 的价带电子跃迁到导带。可见光的波长在 400～800nm 之间，可见 TiO_2 并不能利用可见光催化分解水。要想更多地利用太阳光谱中的可见光部分，半导体的禁带宽度应该小于 3.0eV。但是，带隙太小时，光生空穴和电子的氧化还原能力又会变差。在光催化分解水的过程中，半导体催化剂将导带上的电子转移给氢质子使其发生还原，而价带上的空穴则从水分子中夺取电子使其发生氧化。氢质子还原形成氢气（H^+/H_2）所需要的电势为 0V（标准氢电极，NHE），而水分子氧化形成氧气（O_2/H_2O）所需要的电势为 $+1.23V$，如图 4-5 所示[7]。理论上，半导体的禁带宽度大于 1.23eV 就能进行光解水。实际过程中，还有电极过电位及半导体能带弯曲所带来的影响，光催化分解水所需要的半导体的最小禁带宽度约为 1.8eV。

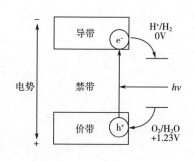

图 4-5　半导体光催化
分解水原理[7]

$$\lambda_0 = hc/E_g = 1240/E_g \qquad (4\text{-}1)$$

综上所述，良好的光解水催化剂应该具备以下条件：①合适的禁带宽度，E_g 一般在 $1.8\sim3.0\mathrm{eV}$ 之间；②带边势要符合水分解的要求；③良好的稳定性，在分解水过程中不发生光化学腐蚀。SiC 化学性质稳定，禁带宽度在 2.4eV（3C-SiC，也称 β-SiC）到 3.3eV（4H-SiC，α-SiC 之一）之间，而且带边势符合水分解的要求，因此是一种具有重要应用前景的光解水催化剂材料。

4.2.1　纯碳化硅光解水

SiC 能在不需要牺牲剂的条件下光催化分解纯水产生氢气和氧气，而具有这种性能的材料很少。1990 年，日本学者 Nariki 等以 α-SiC 块体为起始材料，采用电弧等离子体溅射法制备了 β-SiC 的纳米粉体，颗粒尺寸约 30nm。作者发现，在紫外线（波长范围 $260\sim410\mathrm{nm}$）辐照下，SiC 纳米粉在蒸馏水中可分解水产生 H_2，而且 H_2 产生速率在 12h 内不发生变化。实验中没有检测到 O_2，SiC 在长时间光催化反应后表面有氧化硅形成。初步估算，SiC 单位表面积上 H_2 的产生速率和 Pt/TiO_2 处于同一数量级[8]。

王亚权课题组研究了商品绿碳化硅的光解水性能。这种 SiC 为 α-SiC（6H-SiC），纯度约 95%，杂质为游离碳、氧化硅以及 Fe_2O_3 等，粒度约 $400\sim500\mathrm{nm}$。光催化反应前，先将商品 SiC 微粉在马弗炉中 700℃ 焙烧 3h，然后用氢氟酸浸泡 5h，最后用去离子水洗涤。研究发现，经过上面处理过的 SiC，可在 Xe 灯照射下分解纯水产生 H_2，表面氧化对 SiC 光解水产氢不利。值得注意的是，采用不同浓度的氢氟酸处理，对 SiC 光解水性能有很大影响，其中 2% 的氢氟酸处理效果最好，如图 4-6 所示。另外，水中加入酸或碱后，对 SiC 的光解水产氢活性也有较大影响，溶液碱性越强，产氢速率越高。作者分析认为，SiC 表面的 Si 悬键能够部分水解成硅醇。当溶液 pH 值小于 4 时，硅醇与溶液中浓度较高的 H^+ 发生反应，使颗粒表面带正电荷：

$$Si—OH+H^+ \Longleftrightarrow Si—OH_2^+ \tag{4-2}$$

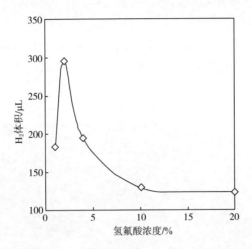

图 4-6 不同浓度氢氟酸处理对 SiC 光解水性能的影响[9]

当溶液 pH>4 时，硅醇与溶液中的 OH⁻反应，使颗粒表面带负电荷：

$$Si—OH+OH^- \Longleftrightarrow Si—O^-+H_2O \tag{4-3}$$

因此，碱性条件下 H⁺更容易吸附到 SiC 表面，有利于产氢反应。详细讨论可参考高艳婷的硕士论文[9]。

郝建英采用不同的碳和硅前驱体，制备了晶须状、蠕虫状和纳米颗粒状三种不同形貌的 β-SiC 纳米粉体（图 4-7），研究了其光解水性能[10~12]。这三种 SiC 材料的比表面积分别为 45m²/g、51m²/g 和 81m²/g，带隙均在 2.4eV 左右，都可以在无牺牲剂的条件下光解水（照射光波长＞420nm），产氢速率分别为 45.7μL/(g•h)、82.8μL/(g•h) 和 83.9μL/(g•h)。一般来讲，光解水反应发生在催化剂表面，所以催化剂的比表面积越大，提供的活性位越多，光催化活性越好。上面三个样品中，蠕虫状 SiC 的比表面积比 SiC 纳米颗粒低很多，但它们的产氢速率却相差不大。究其原因，可能是弯曲的蠕虫状形貌使得 SiC 表面的粗糙度增加，从而形成更多的台阶和尖边，而这些地方往往会产生更多的悬键，使得其光催化活性增加[10]。可见，形貌和比表面积对光催化活性都有很大影响。研究发现，蠕虫状 SiC 纳米线和 SiC 纳米颗粒的光催化活性随着反应时间延长会有所降低。但是，SiC 晶须的光催化活性在循环实验中会逐渐增加，三次循环中产氢速率分别为 46μL/(g•h)、55μL/(g•h) 和 61μL/(g•h)，如图 4-8 所示[11]。我们猜测，SiC 晶须光催化活性增加，可能跟其表面氧化有关。为此，用浓硫酸和高锰酸钾对直线状 SiC 晶须进行表面氧化改性，发现改性后 SiC 的禁带宽度由 2.35eV 降为 2.27eV。可见光照射 10h 内，光催化分解水的平均产氢速率为 81μL/(g·h)，比改性前提高了将近一倍。一般情况下，SiC 在 1100cm^{-1} 处的红外吸收是由 Si—O 键振动引起的，而在 3500cm^{-1} 处的吸收是由硅羟基（Si—OH）引起的。SiC 经过改性处理以后，这两处的红外吸收都明显增强，这说明表面形成了更多的含氧基团（图 4-9）。改性后的 SiC 表面具有较多的硅羟基等含氧基团，使得其亲水性提高，有利于水分子在 SiC 表面的吸附和解离，从而有利于光催化分解水[12]。

图 4-7   不同形貌的 β-碳化硅粉体[11]

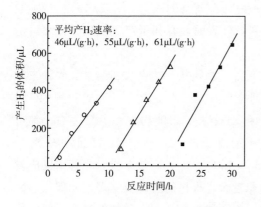

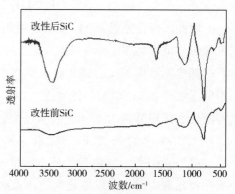

图 4-8   在循环实验中碳化硅晶须
的光催化活性

图 4-9   碳化硅改性前后的
红外光谱[12]

值得指出的是，不少研究者发现 SiC 光解水过程中表面氧化对反应不利。我们认为，非常小的 SiC 纳米颗粒（或纳米线）表面悬键多，催化活性高。但是这些悬键结合了氧原子（发生氧化）以后，颗粒表面甚至体相内部容易发生严重的结构重排，从而对 SiC 的带隙以及表面反应活性产生较大的不利影响。而对尺寸较大的 SiC 颗粒来说，这种表面重排对 SiC 性能的影响可忽略不计。因此，SiC 颗粒表面氧积累对其光解水活性的影响，可能跟颗粒大小有关。实事求是地说，

SiC 光解水机理以及光解水过程中 SiC 表面的变化，仍然有许多不清楚的地方，值得进一步深入研究。

此外，笔者课题组还研究了硼掺杂 SiC 的光催化分解水性能[13]。B 掺杂以后，可进入 SiC 晶格并取代 Si 位点，在价带上方形成浅受主能级，从而导致带隙变窄。浅受主能级作为空穴的捕获中心可抑制光生电子和空穴的复合，从而提高光解水产氢速率。当 B/Si 的摩尔比为 0.05 时，硼掺杂 SiC 表现出最高的光催化产氢活性，产氢速率是未掺杂 SiC 的两倍多 [166μL/(g·h)]。但是，过多的 B 掺杂也会导致产氢速率的下降（图 4-10），这可能是 B 掺杂产生的缺陷增加了光生电子和空穴复合的位点，具体原因还有待深入研究。

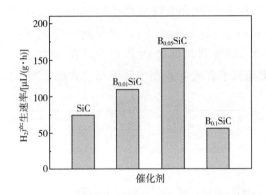

图 4-10 不同硼掺杂碳化硅的光解水产氢活性[13]

袁文霞课题组研究发现，50nm 左右的 β-SiC 颗粒无需光照就可使水分解释放出 H_2，光照可使产氢速率提高约一倍。在中性环境下，SiC 表面的 Si—C 化学键遇到水分子会发生断裂，形成 C—O 和 Si—O—C 键，进而转化为结晶态的 $Si_{1-x}C_xO_2$ 相。在碱性条件下，SiC 表面容易形成 SiO_2 非晶层。SiC 表面的这种变化会阻碍其与水分子接触，使 SiC 光解水活性逐渐降低。作者认为，SiC 光解水可能包含两个不同的反应过程，一是水分子在 SiC 表面发生光催化分解，二是水分子直接和 SiC 反应[14]。这两个过程都可以导致 H_2 产生。

理论计算表明，在 β-SiC 的不同晶面水分子都可以发生解离吸附，其中在 SiC（111）表面分解产生 H_2 更容易[15]。水分子在 SiC 表面的吸附是一个强放热过程，当水分子中的氧原子与 SiC 表面具有悬键的 Si 原子形成 Si—O 键以后，水分子中一个 H—O 很容易断开，在两个相邻的 Si 原子上分别形成 Si—H 和 Si—OH 键。硅羟基中，O—H 的断裂需要较高的活化能。在光照作用下，SiC 价带电子被激发到高能态，同时产生空穴。在 Si—OH 之间强烈的电子相互作用下，硅羟基中的 O—H 键发生断裂。这些理论计算结果表明，SiC 和吸附态水分子之间的电荷转移在光解水过程中具有举足轻重的地位。

4.2.2　金属/碳化硅光解水

光激发半导体产生的电子和空穴非常容易在体相或表面发生复合，从而使光催化效率降低，因此光生电子和空穴的有效分离是提高光催化产氢效率的关键。由于 SiC 的功函数比较低（约 4.0eV），将功函数较高的金属负载到 SiC 表面，二者形成莫特-肖特基接触，可望将碳化硅中的光生电子抽提到金属纳米颗粒上，实现光生电子和空穴的有效分离。

贵金属铂的功函数约 5.65eV，经常被用于修饰具有光催化作用的半导体，如 TiO_2、CdS 等，起捕获和抽提光生电子的作用。陈建军课题组采用水热合成法，制备了均匀分散的 Pt/SiC 催化剂，研究了其光解水性能[16]。催化剂中，SiC 为直径约 50nm 的纳米线，Pt 纳米颗粒直径约 2nm。在 300W 的 Xe 灯照射下，Pt/SiC 的产氢速率可达 $4572\mu L/(g \cdot h)$，比单纯 SiC 纳米线的产氢速率提高了 88%。从荧光光谱上可以看到，负载 Pt 以后 SiC 在 452nm 处的特征发射峰明显降低，说明 Pt 确实起到了有效分离光生电子和空穴的作用（图 4-11）。

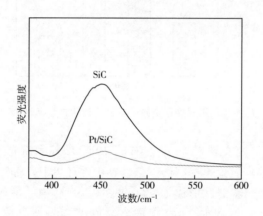

图 4-11　SiC 和 Pt/SiC 的荧光光谱[16]

袁文霞课题组采用光沉积方法将 Pt 选择性地沉积到 SiC（6H 型）表面的 Si 位点上，发现这种方法得到的 Pt/SiC 催化剂，在可见光下分解水产氢速率能达到 $1367\mu L/(g \cdot h)$，比单纯 SiC 颗粒的光解水产氢速率高两个数量级，比浸渍法得到的 Pt/SiC 的产氢速率高 2.5 倍[4]。研究者认为，Pt 沉积到 SiC 表面 Si 位点，可以形成 Pt—Si 化学键。这种 Pt—Si 键在 Pt-SiC 界面构成了光生电子从 SiC 向 Pt 转移的快速通道，因而可以极大地提高 SiC 光解水产氢的活性。

理论上，将水分子氧化成 O_2 所需的最小电位为 +1.23eV，但由于过电位的存在实际上需要的电位更高。SiC 的价带顶边势只有约 +1.5V，光生空穴难以将水分子氧化成 O_2，因此 SiC 光解水的实验中难以检测到 O_2。袁文霞课题组将 Pt/SiC 和 WO_3 粉体同时分散到 NaI 和 H_2SO_4 的水溶液中，在可见光（波长＞

420nm）照射下将水分解为 H_2 和 O_2，两者的比例为 $2:1$，如图 4-12 所示[17]。在这个过程中，Pt/SiC 负责产 H_2，WO_3 负责产 O_2，I^- 和 IO_3^- 负责电子传递，是一个典型的多光子反应模式（Z-scheme）。同一课题组还采用光沉积方法制备了 SiC 负载的 Pt 和 IrO_2 光解水催化剂[18]。催化剂中，Pt 和 IO_2 在空间上是分离的，因而可以各自独立地捕获光生电子和空穴，避免二者的快速复合。在可见光下，这种 $Pt/SiC/IrO_2$ 催化剂的产氢速率可以达到 $2337\mu L/(g \cdot h)$。

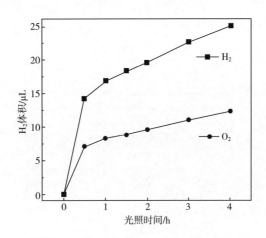

图 4-12 Pt/SiC 和 WO_3 共同作用下水分解为 H_2 和 O_2[17]

关于 Pt/SiC 体系光催化分解水也有不同的报道。高艳婷等发现，Pt 负载到商业绿 SiC 颗粒（400~500nm，α-SiC）上，完全检测不到 H_2 的产生[9,19]。陈晓波课题组也报道，商业化的 β-SiC 纳米颗粒在紫外或可见光区域都可以分解纯水，产生 H_2，但是产氢速率在几个小时后就会出现明显降低[20]。他们还发现，在纯水中加入甲醇（常用的空穴牺牲剂）或者在 SiC 纳米颗粒上负载上金属 Pt 都会使 SiC 的光解水活性降低，甚至完全消失。笔者课题组在实验中也发现，SiC 负载 Pt 以后几乎检测不到光解水活性。

目前，关于金属/SiC 体系光催化分解水的研究还不是很多，实验结果也不尽一致，说明金属/SiC 体系中电子相互作用远非想象中那么简单。

4.2.3 石墨烯-碳化硅复合物光解水

石墨烯是 2004 年才被人们认识的一种新型碳材料，其中的碳原子以六边形排列形成一个二维平面。石墨烯具有非常高的电子传导性，理论上带隙为零，具有一些类似金属的性质。不同制备方法得到的石墨烯，功函数差别很大，一般在 4.6eV 左右。因此，石墨烯和 SiC 形成复合物以后，也可以起到转移光生电子的作用。

笔者课题组将 SiC 纳米颗粒通过化学键形式锚定在石墨烯表面，发现复合物的光解水效率可得到很大的提升[21,22]。首先利用3-氨基丙基三甲氧基硅烷作为偶联剂，与 SiC 表面的硅羟基反应得到表面氨基化的 SiC；然后利用氧化石墨烯表面的含氧官能团（—OH 和—COOH 等）与 SiC 表面的氨基（—NH₂）发生脱水反应，使石墨烯与 SiC 通过化学键连接起来；最后在 H₂ 气氛中高温还原，使 3-氨基丙基三甲氧基硅烷分解，氧化石墨烯转变为石墨烯。XPS 和热中分析结果表明，石墨烯和 SiC 之间并不是简单的机械混合，而是通过 Si—C 键结合在一起。随着复合物中石墨烯和 SiC 比例的不同，光解水产氢速率呈现有规律的变化趋势。其中，石墨烯和 SiC 的质量比为 0.037：1 时，产氢速率最高，如图 4-13 所示。

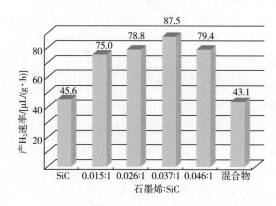

图 4-13　不同质量比石墨烯-碳化硅复合物的光解水产氢速率[21]

为了比较，我们还通过硅溶胶与膨胀石墨反应，制备了 SiC 包覆石墨碳的复合物[22]。从 XRD 谱图上可以看到明显的石墨碳的衍射峰，但是在高温（800℃）氧化处理过程中并不出现明显的失重峰。用这种复合物进行光解水实验，12h 内未检测到 H₂ 的产生。这说明，SiC 和碳之间的电子转移方向是从 SiC 到碳（石墨烯、碳纳米颗粒等），如果这种碳材料不能接触到水，光生电子就不能还原水产生 H₂。

袁文霞课题组将氧化石墨烯和纳米 SiC 粉体分散在 KI 溶液中，发现光照后在得到 H₂ 的同时，还可以使氧化石墨烯发生还原[23]。其中，氧化石墨烯和 SiC 的质量比为 1：99 的时候，产氢速率最高，是单独 SiC 的 1.3 倍。同样，氧化石墨烯含量过高时，产氢速率会下降，甚至比单纯 SiC 的产氢速率还低。作者认为氧化石墨烯含量过高时，会消耗大量的光生电子，从而导致产氢速率降低。

李鑫课题组采用石墨烯和硅粉在高温下反应，在石墨烯片层上原位制备了超薄 SiC 纳米晶，发现这种复合物的光解水产氢速率明显提高[24]。在 Na₂S 牺牲剂存在时，复合物的产氢速率是单纯 SiC 纳米晶的 10 倍以上，而且多次循环后催化剂活性保持不变。

其他形式的碳材料，如碳纳米管及活性炭也具有较好的电子传导性，将其与SiC复合起来也可以起到转移光生电子的作用。李鑫课题组采用碳纳米管和硅粉反应，制备了一维结构的碳纳米管-SiC复合材料[25]。这种一维材料，一端是碳纳米管，另一端是 β-SiC 纳米线。在可见光下，这种复合材料的产氢速率为 $108\mu L/(g \cdot h)$，是纯 SiC 产氢速率的三倍多。王冰等人通过一步碳热还原方法制备了镶嵌有石墨碳的中孔 SiC 纤维，发现嵌入碳有利于改善 SiC 对可见光的吸收以及光生电子的转移，从而提高 SiC 的光解水活性[26]。

4.2.4　半导体-碳化硅复合物光解水

将两种能带结构相匹配的半导体通过适当方式形成复合物，是一种常用的提高电荷分离效率的策略。在光解水制氢催化剂中，被研究得最广泛的是 CdS-TiO_2 体系。由于 CdS 的导带底边势比 TiO_2 更负，CdS 受可见光激发产生的电子可以从其导带转移到 TiO_2 的导带中，而空穴则留在 CdS 的价带中，从而有效地抑制光生电子和空穴的复合[27]。另外，不同类型的半导体紧密接触时，会在界面形成异质结，异质结的两侧由于能带性质不同会产生电势差。这种电势差的存在也有利于电子和空穴的分离，提高光催化剂的效率。中国科学院大连化学物理研究所李灿课题组设计了多种异质结光催化剂，使光解水的量子效率得到大幅度的提高[28]。SiC 和其他半导体形成复合物以后，光解水性能也会得到提高。

袁文霞课题组报道，适量的 CdS 纳米颗粒负载到 SiC 表面，可以明显降低SiC 表面的活化能，而且 CdS/SiC 界面还可以增加光解水的活性位点[29,30]。他们认为，CdS 和 SiC 在可见光照射下都会发生电荷分离，由于两者能带位置不同，SiC 的光生电子容易和 CdS 中的空穴复合。这样一来，CdS 表面留下了还原能力较强的光生电子，SiC 表面则留下了氧化能力较强的空穴。二者的协同作用提高了复合物的光解水活性。李永丹课题组将少量工业绿 SiC 粉和氧化钛（P25）通过超声在水中均匀混合，沉淀物干燥后在 500℃ 煅烧 2h 形成复合物。在有甲醇牺牲剂的存在下，SiC-TiO_2 复合物光解水产氢的活性明显高于氧化钛[31]。研究者认为，SiC 的禁带宽度小，可有效吸收可见光产生电荷分离，光生电子被转移到氧化钛中，提高了氧化钛的产氢活性。

刘英菊课题组通过气-固反应，将核壳结构的 SnO_2@C 纳米链转化为 SnO_2/SiC 中空球，发现这种复合物在光解水产氢反应中具有很好的活性和稳定性[32]。陈建军课题组将纳米线状的 SiC 粉和 $SnCl_4$ 均匀分散在异丙醇中，通过溶剂热过程制备了 SnO_2/SiC 复合物。在复合物中，约 5nm 的 SnO_2 纳米颗粒均匀地分散在直径约 50nm 的 SiC 纳米线表面。当 SnO_2 含量为 5%（质量分数）时，复合物的光解水产氢速率最高，是 SiC 纳米线产氢速率的 4 倍多，如图 4-14 所示[33]。

中国科学院福州物质结构研究所的研究人员将硫脲和 SiC 微粉通过一定方式混合后加热，在 SiC 表面原位产生 g-C₃N₄，制备了 g-C₃N₄/SiC 复合物[34]。研究发现，g-C₃N₄ 和 SiC 之间形成了化学键，因而表现出非常稳定的光催化活性。当 SiC 和硫脲比例为 1∶50 时，制备出来的复合物具有最高的产氢速率，为 182μL/(g·h)，是纯 g-C₃N₄ 的三倍多。

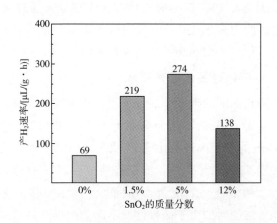

图 4-14　不同 SnO₂ 含量的 SnO₂/SiC 复合物的光解水产氢速率[33]

　　SiC 与能带结构相匹配的半导体形成复合物以后，确实可以扩展其光谱相应范围，增加太阳光的利用率以及提高光解水活性。关于半导体复合物的光催化机理，不同研究者的看法不尽相同。尤其是，两种半导体都能被光激发产生电荷分离时，电子和空穴究竟怎样转移，目前还没有特别令人信服的实验证据。和氧化钛相比，SiC 光解水制氢的研究还处于起步阶段。尽管在工业上实现太阳能光催化分解水制氢仍有很长的路要走，但是 SiC 具有价廉、无毒、无污染且能够响应可见光等特点，是一种非常有潜力的光解水材料，值得进行深入系统的研究。

4.3　光催化降解有机污染物

　　随着环境污染的日益严重，环境污染物对人类健康的危害越来越受到关注。在众多环境问题中，毒性大、生物难降解的有机污染物的处理是一个难题。利用半导体材料（主要是二氧化钛）光催化消除和降解有机污染物，很早就成为光催化研究中最为活跃的研究方向。主要原理是，通过光与半导体作用产生的羟基自由基与有机污染物发生自由基氧化反应，将有机污染物降解为无机小分子。光催化降解过程不会产生二次污染，与其他处理方法相比具有明显的优点。

　　张亚非课题组报道，SiC 纳米线可以在紫外线作用下将乙醛完全降解为二氧化碳[35]。这种纳米线为 β-SiC，直径在 8～20nm 之间，长度达几十微米，表面包裹一层无定形的氧化硅，比表面积 62m²/g。用氢氟酸洗去纳米线表面的氧化层后，在同样条件下光催化降解乙醛的活性明显降低。作者认为，碳化硅纳米线表面的氧化层富含羟基（—OH），在紫外线作用下可形成高活性的羟基自由基（·OH），因此可增加光催化活性。

陈建军课题组采用溶胶-凝胶和碳热还原方法制备出具有分级结构的 SiC 纳米线，发现其在可见光照射下具有优异的降解亚甲基蓝的能力，并指出光生电子在有氧环境下易形成超氧自由基，氧化降解有机污染物，而在无氧环境下则直接还原有机物污染物；光生空穴在水相反应体系中易形成具有高活性的羟基自由基，进而氧化污染物[36]。同时，分级结构的 SiC 纳米线可有效增强比表面积和光散射效率，使其具有更多的活性位点和光生载流子生成率，提高反应活性。欧阳海波课题组采用模板法制备出具有微孔结构和高比表面积（83.5m^2/g）的 SiC 纳米空心球，这种空心球能够有效增强可见光吸收，并且将 SiC 的禁带宽度减小至 2.15eV，从而表现出优异的光催化降解亚甲基蓝性能[37]。以上课题组在研究中均发现，SiC 在光催化反应过程中，表面易被光生空穴逐渐氧化为 SiO_2。当 SiO_2 层达到一定厚度的时候，氧化反应就会停止，不会使 SiC 发生完全的氧化。在光催化反应过程中，SiC 产生的光生空穴容易和表层 SiO_2 中的氧发生反应形成氧空位。氧空位与水分子发生反应形成表面羟基，可增强催化剂的亲水性，同时羟基进一步反应形成的羟基自由基可以高效氧化分解有机物。欧阳海波课题组制备的 SiC/SiO_2 纳米链，同样表现出优于 SiC 的光催化降解罗丹明 B 的性能[38]。

TiO_2 作为一种常见的光催化剂，因具有化学稳定性好、光催化活性高、安全、低毒、低成本等优点，被广泛用于降解有机污染物。为提高 SiC 光生电子和空穴的分离效率，进而提高其催化活性，许多研究者将 TiO_2 与 SiC 复合起来形成高效光催化剂降解有机污染物。Yamashita 等采用高温焙烧 TiC-SiC 纳米颗粒的方法制备了 TiO_2-SiC 复合光催化剂，在紫外线下可高效降解异丙醇，将其分解为 CO_2 和水[39]。作者认为，SiC 表面的憎水性质对提高 TiO_2-SiC 复合物光催化性能有很大作用。Torres-Martínez 等报道，SiC 负载的 TiO_2 纳米颗粒光催化降解罗丹明 B 和亚甲基蓝的性能远高于单独 TiO_2 光催化剂[40]。谢长生课题组采用丝网印刷术制备 TiO_2/SiC 纳米复合物薄膜，将其用于光催化降解甲苯等有机挥发物[41]。研究发现，在干燥条件下 TiO_2/SiC 薄膜催化分解甲苯的速率是氧化钛的 1.6 倍；而湿润条件下，分解甲苯的速率是氧化钛在干燥条件下的 5 倍。当 TiO_2 与 SiC 之间形成异质结时，有利于光生载流子的迁移，从而使光生电子富集在 TiO_2 表面，而光生空穴则富集在 SiC 表面。另外，TiO_2 的表面亲水性有利于光生电子与水作用形成羟基自由基，进而提高对有机物的氧化活性；而 SiC 表面的疏水性有利于光生空穴直接与有机物反应，进而提高催化活性。因此，在优化光催化剂结构时，不仅要考虑光生载流子的有效分离，催化剂表面的亲/疏水性也是应当考虑的重要因素之一。

　　Mishra 等在 β-SiC 纳米颗粒的悬浮液中水解钛酸异丙酯，得到一种 β-SiC-TiO₂ 纳米复合物[42]。这种复合物中，SiC 的颗粒尺寸在 30~80nm 之间，TiO₂颗粒尺寸在 20~50nm 之间，两者形成了比较好的界面接触。作者认为，复合物中 SiC 和 TiO₂分别为 p-型和 n-型半导体，两者接触后形成 p-n 结，可促进 SiC 中光生电子和空穴的分离。由于 SiC 的导带和价带分别位于 TiO₂的导带和价带之上，光激发在 SiC 导带产生的电子可转移到 TiO₂的导带上，而光生空穴仍然留在 SiC 价带。TiO₂导带上的电子与 O₂反应，产生超氧自由基（$O_2^{-\cdot}$），接着与水分子反应产生羟基自由基（·OH）；而留在 SiC 价带上的空穴则直接氧化吸附态有机分子。光催化机理可用图 4-15 所示的示意图表示。

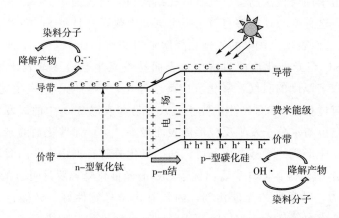

图 4-15　氧化钛和碳化硅复合半导体光催化降解有机染料的反应机理示意图[42]

　　近年来，研究者已经开发出了一些利用 TiO₂/SiC 光催化降解有机物的空气或水净化反应器。法国国家科研中心 ICPEES 研究所 Keller 课题组、LMSPC 研究所 Robert 以及中国科学院金属研究所张劲松课题组在这方面进行了大量的研究工作[43~45]。他们都采用能够充分响应可见光的开放式肺泡状 β-SiC 泡沫作为基体，负载上 TiO₂作为光催化剂，将光催化剂填充在不同反应器中，对敌草隆、丁酮、对氨基苯磺酸等有机污染物具有优异的降解能力。

　　郭丽伟课题组在真空环境下，采用热分解法制备出石墨烯包裹 SiC 的核壳结构（图 4-16），具有优异的光催化降解罗丹明 B 的性能[46]。这种核壳结构的 SiC/石墨烯复合物（GCSP）光催化降解罗丹明 B（RhB）的原理如图 4-17 所示。石墨烯优异的导电性能快速转移 SiC 产生的光生电子，这些光生电子被溶解氧捕获后形成高活性氧物种，同时石墨烯的高比表面积使其更容易将有机污染物吸附在表面，有利于加快反应进程。研究指出，SiC 表面最优的石墨烯包裹层数为 4~9 层，层数太少，部分 SiC 暴露在外，不利于电子迁移；层数太多则抑制 SiC 的光吸收作用，同时也不利于电子快速迁移到表面参与反应。另外，复合物的尺寸越小，其比表面积越大，所提供的活性位越多，催化活性越高。雷鸣课题组也报道了石墨烯担载 β-SiC 纳米颗粒作为光催化剂，可以有效降解罗丹明 B[47]。

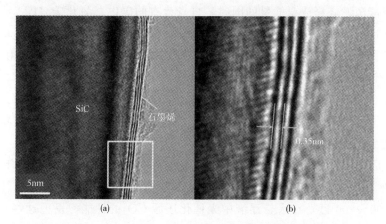

图 4-16　核壳结构 SiC/石墨烯复合物的透射电镜照片

（b）为（a）中方框部分的放大

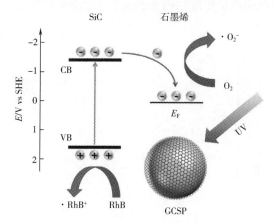

图 4-17　核壳结构 SiC/石墨烯复合物光催化降解罗丹明 B 的原理示意图[46]

目前，世界各国的研究者在半导体光催化降解有机污染物方面已经进行了大量的探索和实践，在机理和动力学研究方面也取得了巨大进展。SiC 由于具有高的化学稳定性和机械强度，并且能够充分响应可见光，在有机污染物降解，尤其是有机废水处理方面具有潜在的应用前景。但是，SiC 的光催化活性仍然有待提高，如何利用一些性能优良的材料（石墨烯、导电聚合物、活性炭、沸石、硅藻土、碳纳米管、蒙脱石等）与 SiC 复合，形成具有高选择性、高吸附性能的光催化材料是本领域的研究重点。另外，如何将催化剂结构化并设计出功能强大的光催化反应器，可高效利用太阳能催化降解废水中的有机污染物，使其能够真正应用到实际的环境净化工程中，也将是一个十分有前景的发展方向。

4.4　光催化 CO_2 还原

化石能源燃烧释放出能量的同时，自身含有的碳以二氧化碳（CO_2）的形式排放到环境中。因此，大气中 CO_2 浓度增加被认为是造成全球气候变暖的主要因素。目前，CO_2 的固化和资源化是世界各国普遍关注的重要课题。利用太阳能，通过光催化将 CO_2 还原成甲烷、甲醇等燃料和化学品，在减少温室气体排放的同时还可实现碳资源的循环利用。研究者对光催化 CO_2 还原已经进行了将近四十年的研究，考察过的材料包括 TiO_2、Zn_2GaO_4、CdS 以及 C_3N_4 等，但这些材料的光催化效率仍然很低。

SiC 是较早被用于光催化还原 CO_2 的半导体材料之一。早在 1979 年，Inoue 等人就研究了 TiO_2、ZnO、CdS、GaP、SiC、WO_3 等一系列半导体粉体（颗粒大小为 100～200 目）在水悬浮液中光催化还原 CO_2 的性能，发现这些半导体均能在 Xe 灯（500W）照射下将 CO_2 还原为甲醇、甲醛、甲烷等[48]。其中主要产物甲醇的收率与半导体导带电位存在明显的相关性，如图 4-18 所示。由于 SiC 导带电位最负，光催化产生甲醇的效率最高。

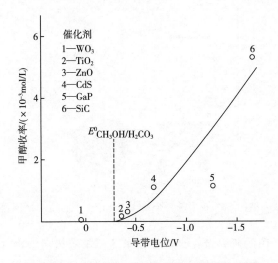

图 4-18　甲醇收率与半导体导带电位的关系[48]

Yamamura 等人报道，Xe 灯作用下，分散在水中的 SiC 颗粒（1000 目）光催化还原 CO_2 还可以得到乙醇[49]。作者还用 100 目的 SiC 颗粒在同样条件下进行了实验，结果只能得到甲醇等 C_1 产物。在 SiC 颗粒上负载上 Pt、Pd、Cu、Fe 等金属，均可不同程度地提高其光催化效率[50]。这些实验中采用的 SiC，比表面积非常小（$0.35m^2/g$），因此光催化还原 CO_2 的效率很低。研究者认为，水溶液中的 CO_2 要先吸附在 SiC 表面才能被还原，因此高比表面积的 SiC 应该能提高光

催化还原 CO_2 的效率。

　　Eggins 研究了一系列半导体材料在四甲基铵离子存在时光催化还原 CO_2 的性能，发现量子产率跟半导体的导带电势有关，按照下面顺序依次降低：$ZnS>SiC>ZnO>CdS>BaTiO_3>SrTiO_3$[51]。Dzhabiev 考察了 SiC/ZnO 复合物光催化还原 CO_2 的性能，发现 ZnO 可促进 CO_2 多电子还原产物的形成[52]。李鑫课题组报道了可见光下 Cu_2O/SiC 光催化还原 CO_2 为甲醇的性能[53]。由于 Cu_2O 和 SiC 的导带电位均比 CO_2、H_2CO_3、CO_3^{2-} 等在水中被还原形成甲醇的电势更负，因此二者都具有优异的光催化还原 CO_2 性能，甲醇生成速率分别为 20.8μmol/(g·h) 和 30.6μmol/(g·h)。将 Cu_2O 负载到 SiC 上，由于二者之间形成的异质结有助于光生电子和空穴的快速分离，从而使甲醇生成速率得到明显提高，达到 38.2μmol/(g·h)。

　　Gondal 课题组以 6H-SiC 为催化剂，在能量为 40mJ/脉冲的 355nm 激光照射下，光催化还原 CO_2，光子利用效率可达 1.95%，甲醇的选择性达 100%[54]。而在同样条件下，以 XeHg 灯为光源，甲醇选择性只有 50%。随着光照时间的延长，反应体系中甲醇浓度达到极大值以后又会逐渐减低，如图 4-19 所示。用已知浓度的甲醇溶液进行实验，发现光照下 SiC 确实能使甲醇氧化。因此，该课题组认为，反应体系中同时发生了两种反应，CO_2 的光催化还原和甲醇的光催化氧化。SiC 吸收入射光后，导带上产生的光生电子可将 CO_2 还原为甲醇，同时价带上的空穴也可以将甲醇氧化，如图 4-20 所示。SiC 这种光催化氧化甲醇的能力，跟其价带位置（约 +1.7eV）有关。

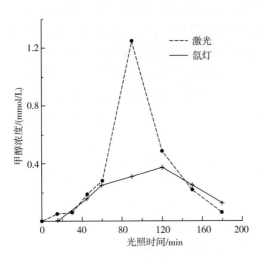

图 4-19　SiC 光催化还原 CO_2 过程中
甲醇浓度随光照时间的变化[54]

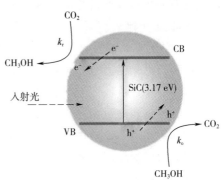

图 4-20　SiC 导带上的光生电子可
还原 CO_2，价带上的空穴可氧化甲醇[54]

王绪绪课题组报道，微米尺寸的 β-SiC 中空球在水蒸气存在的条件下可高效光催化还原 CO_2 为甲烷，活性远高于商业氧化钛（P25）[55]。作者认为，SiC 微球的中空结构可使入射光在内部发生多次反射，增加光吸收效率；同时 SiC 较负的导带电位（-1.4eV）使光生电子具有较强的还原 CO_2 的能力。在这种中空结构的 SiC 微球上负载 2%（质量分数）的 Pt 以后，不仅光催化还原 CO_2 产生甲烷的速率提高，而且还检测到 O_2 的持续产生，如图 4-21 所示。Azzouz 等人也报道，紫外线下 6H-SiC 微粉可将 CO_2 还原为甲醇[56]。

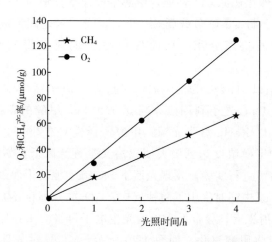

图 4-21   [2%（质量分数）] Pt/SiC 光催化还原 CO_2 产生甲烷和氧气[55]

半导体光催化还原 CO_2 为温室气体减排提供了一条新途径，它在减少温室气体排放的同时，又可将 CO_2 转化为烷烃、醇或其他化学品，实现碳在能源转化过程中可持续的循环使用。尽管人们对光催化还原 CO_2 进行了深入的研究，但光催化剂的效率仍然较低。相对来说，SiC 光催化还原 CO_2 的研究还不多，许多工作还是在商业低比表面积的 α-SiC 上进行的。高比表面积的 β-SiC 带隙只有约 2.4eV，可更有效地吸收可见光；同时其价带位置也比 α-SiC 有所升高，对 CO_2 还原产物的氧化能力也相对较弱。从前面的介绍还可以看出，不同课题组用 SiC 在不同实验条件下还原 CO_2 得到的产物不尽相同，尤其是光源波长对产物选择性有很大的影响。这说明，SiC 光催化还原 CO_2 过程中存在许多值得探索的问题。因此，如何利用 SiC 的优势，结合其他金属或半导体材料，解决光催化研究中普遍存在的太阳能利用效率低、光催化材料对 CO_2 的吸附性能差以及光生电子和空穴的分别利用等问题，是今后的研究工作中应该重点考虑的。

4.5   光催化有机合成

采用光催化路线合成有机物，反应条件温和，产物选择性可控，因而得到了国内外研究者越来越多的关注，已经成为光催化研究领域的一个重要前沿方向。中国科学院化学研究所赵进才院士曾详细综述了金属氧化物半导体、氧化物负载的等离子体金属以及类石墨结构的氮化碳等材料作为催化剂，在可见光作用下催化有机合成反应的研究进展。大量的研究工作表明，光催化合成具有一些独特的优点[57~59]：①可以利用太阳能，减少合成过程中的能源消耗；②反应条件温和，易操作，一般不会产生二次污染，催化剂可以重复利用；③容易对反应途径和产物进行控制，提高目标产物的选择性和收率。

半导体在光激发下发生电子跃迁，形成分离的光生电子和空穴。这些光激发产生的电子和空穴在半导体中随机迁移的速率较慢，往往在到达表面前就发生了复合，起不到光催化作用。单独的 SiC 既然能光催化分解水，也应该能光催化一些有机合成反应，但目前这方面的研究还非常少。Kormányos 等报道，用紫外线照射含 SiC 纳米颗粒的苯胺溶液，可使苯胺在 SiC 颗粒表面发生聚合形成聚苯胺（PANI）层[60]。反应过程中，SiC 导带上的光生电子使氧气发生还原，而价带上的空穴则使苯胺氧化，如图 4-22 所示。

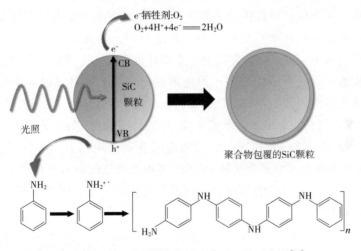

图 4-22　碳化硅光催化苯胺聚合过程的示意图[60]

由于电子-空穴的复合作用，单独 SiC 光催化的效率并不高，需要对 SiC 表面加以修饰，以抑制光生载流子的快速复合。我们知道，在可见光照射下金属纳米颗粒中的电子也会吸收入射光子的能量，从较低的能带跃迁到较高的能带，形成能量较高的自由电子。这些能量较高的自由电子可以进入吸附态分子的分子轨道中，使其活化。当金属和半导体接触时，金属和半导体之间可以形成欧姆接触或莫特-肖特基接触，其中欧姆接触类似普通电阻，而莫特-肖特基接触具有整流特性。莫特-肖特基接触的形成源于金属和半导体不同的功函数，功函数的差值一般和费米能级差值相等。当金属和半导体接触时，电子从费米能级高的一侧流向费米能级低的一侧，从而在半导体内部靠近金属-半导体界面的地方形成一个空间电荷区。如果半导体是 n 型，而金属的功函数比较大时，半导体中的电子则会通过界面流向金属，在半导体内部产生一个指向金属的内建电场。光激发在半导体导带中产生的光生电子也会在电场的作用下流向金属。这时，如果在金属表面有消耗电子的化学反应发生，同时半导体表面的空穴又能从吸附在其表面的反应物中夺取电子，那么电子就能持续地流向金属，使化学反应进行下去。换言之，金属和半导体界面处形成的莫特-肖特基接触相当于一个"电子泵"，能够驱动半导体中的光生载流子源源不断地穿过金属/半导体界面流向金属。

高比表面积 SiC 在制备过程中难以避免地会接触到氮气，造成氮掺杂，因此往往表现出 n 型半导体的特性[61]。笔者课题组采用溶胶-凝胶结合碳热还原过程制备的立方相高比表面积 SiC，莫特-肖特基曲线表明属于 n 型半导体[62]。SiC 的功函数约 4.0eV，金属的功函数一般高于此数值。但是，无论是金属还是半导体，它们的功函数并不是固定不变的，而是与颗粒大小、表面状况、掺杂情况等有关。因此，不能仅仅根据功函数确定金属和 SiC 界面的电荷转移情况。

钯是精细化工过程中广泛应用的一种催化剂，具有活性高、选择性好的特点。在有机合成中，钯配合物催化剂的重要性也是独一无二的。金属钯的催化性能与其外层电子的性质密切相关。因此通过配体或载体对钯的电子性质进行调控，进而调控其催化性能，一直是钯催化领域的研究重点。金属钯（Pd）的功函数为 5.12eV，当它与 n 型 SiC 形成莫特-肖特基接触时，SiC 导带上的部分电子会转移给金属 Pd，使 Pd 和 SiC 分别负电荷化和正电荷化。在可见光辐照下，SiC 受激发产生的光生电子会通过 Pd/SiC 界面处的空间电场转移到 Pd 上，进一步促进电荷分离、增强光催化活性。根据上述原理，笔者课题组研究了 Pd/SiC 体系的光催化性能[63~65]。

从图 4-23 所示的透射电子显微镜照片可以看出，金属 Pd 的纳米颗粒在 SiC 载体表面的分散程度较好，平均颗粒尺寸约 3.5nm。紫外-可见吸收光谱表明，Pd/SiC 对各个波段光的吸收能力都明显强于单纯的 SiC（图 4-24）。通常，金属钯的 3d5/2 轨道电子的结合能在 334.7~335.5eV 之间，3d3/2

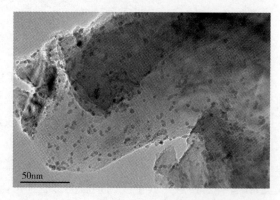

图 4-23　Pd/SiC 催化剂的透射电子显微镜照片[65]

轨道电子的结合能在 340.3～340.8eV 之间。从 X 射线光电子能谱上也可以看出，Pd 的 3d5/2 和 3d3/2 电子结合能分别为 334.6eV 和 340.0eV，说明 Pd 以金属态 Pd⁰ 的形式存在。同时还可以发现 Pd 的电子结合能明显偏低，说明半导体 SiC 中的电子向 Pd 迁移，增加了 Pd 原子周围的电子云密度（图 4-25）[64]。

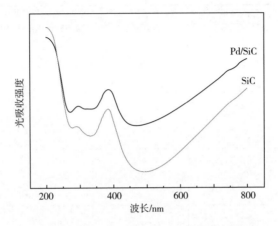

图 4-24 SiC 和 Pd/SiC 的紫外-可见吸收光谱[63]

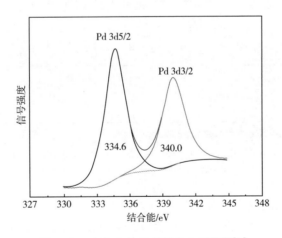

图 4-25 Pd/SiC 的 X 射线光电子能谱[64]

Pd/SiC 催化剂在可见光（Xe 灯，波长 400～800nm）照射下，在 25℃ 即可实现呋喃和氢气发生加氢反应，生成四氢呋喃，收率大于 99%，转换频率（TOF）为 70h⁻¹，远高于传统的热催化过程[63]。而在暗反应条件下，呋喃转化率仅为 37%。研究发现，Pd/SiC 对其他呋喃类化合物也具有较好的光催化加氢活性，见表 4-1[63]。当时，我们参考了文献中的观点，认为呋喃分子可能以面吸附的方式吸附在 Pd 颗粒表面被活化，而 H₂ 被 SiC 表面的空穴氧化形成活泼的氢物种，后者反溢流到 Pd 颗粒表面与呋喃发生反应。现在看来，这些看法还有很多值得商榷的地方。很可能是呋喃分子在碳化硅表面被带正电荷的空穴所活化，然后与从 Pd 颗粒表面溢流过来的氢物种发生加氢反应形成四氢呋喃。

表 4-1　Pd/SiC 在可见光下对呋喃类化合物的催化加氢性能

反应底物	产物	转化率/%	选择性/%	TOF/h^{-1}
(呋喃结构)	(四氢呋喃结构)	99	99	70
(2,3-二氢呋喃结构)	(四氢呋喃结构)	99	99	70
(2,5-二氢呋喃结构)	(四氢呋喃结构)	99	99	70
(2-甲基呋喃 —CH$_3$)	(2-甲基四氢呋喃 —CH$_3$)	95	81①	56
(糠醇 —OH)	(四氢糠醇 —OH)	89	78①	49
(2-溴呋喃 —Br)	(2-溴四氢呋喃 —Br)	81	70①	70

① 副产物是由呋喃环氢解产生的醇、酸和酯。

注：反应条件　将 4mmol 底物和 80mg Pd/SiC 催化剂［Pd 负载量为 3%（质量分数）］分散在正戊醇中，在 25℃、1MPa H$_2$ 下氙灯（波长 400～800nm，光强 0.15W/cm^2）照射 2.5h。

　　除了催化呋喃类化合物加氢反应以外，Pd/SiC 对有机偶联反应也具有较好的光催化活性。在 30℃和常压 Ar 氛围下，Pd/SiC 可高效光催化铃木-宫浦偶联（Suzuki-Miyaura coupling）反应[64]。其中，碘苯和苯硼酸反应时，联苯收率大于 99%，TOF 达到 1053h^{-1}。Pd/SiC 催化剂对其他卤代苯化合物和苯硼酸化合物的偶联反应同样具有较好的光催化活性，见表 4-2。在光催化铃木-宫浦偶联过程中，Pd 表面富集的光生电子和 SiC 表面富集的空穴，可以分别活化和断裂卤代苯化合物中的 C—X 键和苯硼酸化合物中的 C—B 键，并使其快速迁移至 Pd 表面实现 C—C 偶联。对末端炔烃和卤代芳烃之间发生的菌头偶联反应（Sonogashira coupling reaction），Pd/SiC 也具有较好的光催化活性，但是反应温度稍高（120℃），详细反应结果见表 4-3[65]。

表4-2 Pd/SiC 光催化铃木-宫浦偶联反应结果[64]

反应	反应物 1	反应物 2	产物	转化率/%	选择性/%	TOF/h⁻¹
1	Cl-C$_6$H$_4$-I	C$_6$H$_5$-B(OH)$_2$	Cl-联苯	99	99	1043
2	COOH-C$_6$H$_4$-I	C$_6$H$_5$-B(OH)$_2$	COOH-联苯	99	99	1043
3	COCH$_3$-C$_6$H$_4$-I	C$_6$H$_5$-B(OH)$_2$	COCH$_3$-联苯	99	99	1043
4	CH$_3$-C$_6$H$_4$-I	C$_6$H$_5$-B(OH)$_2$	CH$_3$-联苯	73	100	777
5	OCH$_3$-C$_6$H$_4$-I	C$_6$H$_5$-B(OH)$_2$	OCH$_3$-联苯	53	100	564
6	OH-C$_6$H$_4$-I	C$_6$H$_5$-B(OH)$_2$	OH-联苯	97	99	1022
7	C$_6$H$_5$-I	H$_3$C-O-C$_6$H$_4$-B(OH)$_2$	OCH$_3$CH$_2$O-联苯	99	100	1053
8	C$_6$H$_5$-I	HOCH$_2$-C$_6$H$_4$-B(OH)$_2$	CH$_2$OH-联苯	99	100	1053
9	C$_6$H$_5$-I	(H$_3$C)$_3$C-C$_6$H$_4$-B(OH)$_2$	C(CH$_3$)$_3$-联苯	96	99	1011
10①	Br-C$_6$H$_4$-OCH$_3$	C$_6$H$_5$-B(OH)$_2$	OCH$_3$-联苯	93	53②	140
11①	Br-C$_6$H$_4$-CHO	C$_6$H$_5$-B(OH)$_2$	CHO-联苯	100	63②	179

① 反应时间 5h，其他条件不变。

② 其他为脱 Br 产物。

注：反应条件 将 4mmol 反应物 1、8mmol 反应物 2、12mmol Cs$_2$CO$_3$ 以及 10mg 3%（质量分数）Pd/SiC 催化剂分散到 9mL DMF 中，加入 3mL 水混合均匀，氙灯（波长 400~800nm，光强 0.35W/cm²）照射 80min。

表 4-3　Pd/SiC 光催化蕈头偶联反应结果[65]

反应	反应物	产物	转化率/%	选择性/%
1	苯基-I	苯基-C≡C-苯基	99	97
2	H₃C-苯基-I	H₃C-苯基-C≡C-苯基	92	97
3	H₃CO-苯基-I	H₃CO-苯基-C≡C-苯基	87	88
4	HO-苯基-I	HO-苯基-C≡C-苯基	94	96
5	Cl-苯基-I	Cl-苯基-C≡C-苯基	92	96
6	NC-苯基-I	NC-苯基-C≡C-苯基	99	92
7	H₃CC(O)-苯基-I	H₃CC(O)-苯基-C≡C-苯基	98	99
8	苯基-Br	苯基-C≡C-苯基	78	92
9	苯基-C≡C-苯基	2-Br-苯酚(OH)	49	80
10	2-OH-苯基-C≡C-苯基	H₃C-苯基-C≡C-苯基	74	88
11	H₃C-苯基-Br	H₃C-苯基-C≡C-苯基	56	86
12	3-CH₃-苯基-Br	3-CH₃-苯基-C≡C-苯基	53	83
13	2-CH₃-苯基-Br	Cl-苯基-C≡C-苯基	87	90
14	2-CH₃-苯基-C≡C-苯基	H₃CC(O)-苯基-C≡C-苯基	88	89

注：反应条件　将 1mmol 卤代芳烃、1mmol 苯乙炔、2mmol Cs₂CO₃ 以及 50mg 3%（质量分数）Pd/SiC 催化剂分散在 10mL DMF 中，在 120℃氩气气氛下用氙灯（波长 400～800nm，光强 0.32W/cm²）照射 9h。

　　除了 Pd 以外，其他一些有机催化中常用的金属，如 Pt、Rh、Ir 等负载到 SiC 上，也应该具有一些特殊的光催化性能。这方面的工作还有待进一步探索。

　　铜、银、金等是一类具有表面等离子共振效应的金属，它们本身的纳米颗粒就能吸收可见光。当入射光的频率和金属纳米颗粒中自由电子的本征振动频率接近时，纳米颗粒中的自由电子就会强烈吸收可见光的能量并产生集体共振，称为局域表面等离子体共振（localized surface plasmon resonance，LSPR）[66,67]。发生等离子共振时，金属纳米颗粒中的电子云会偏离原子核，如图 4-26 所示。虽然这一现象很早就被人们注意到，但是直到十多年前才被用于光催化研究中[68]。目前，等离子金属纳米颗粒已经成为一类非常重要的光催化剂[58,69]。在具有等离子共振效应的金属中，Cu 纳米颗粒由于在空气中容易氧化，有关 Cu 纳米颗粒光催化的研究几乎没有[70]。2014 年，笔者课题组发现 Cu 的纳米颗粒可以在石墨烯上稳定存在，而且表现出优异的光催化硝基苯偶联性能[71]。此后，关于 Cu 纳米颗粒光催化的研究才逐渐增多。当把具有等离子共振效应的金属纳米颗粒负载到半导体上的时候，光照时金属纳米颗粒会发生 LSPR 效应，并与半导体载体之间产生强烈的电子相互作用。这种相互作用的结果是，在半导体的导带上产生高能量的"热"电子，同时在金属上留下空穴[72]。

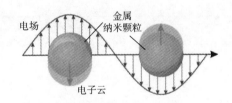

图 4-26　金属纳米颗粒中电子发生等离子共振时，
电子云会偏离原子核[66]

　　由于 Au 的纳米颗粒相对比较稳定，人们对 Au/半导体体系的光催化性能进行了大量的研究。当 Au 纳米颗粒负载在半导体表面时，一方面，LSPR 效应产生的强局域电磁场能够有效增强半导体的光吸收能力，使其表现出更高的光催化活性[73]。另一方面，可见光激发 Au 纳米粒子产生的"热"载流子能够越过金属-半导体界面的肖特基势垒，注入到半导体中，驱动化学反应的进行[74]。其中"热"电子会注入到 n 型半导体的导带发生还原反应，而对于 P 型半导体，"热"空穴会注入半导体的价带发生氧化反应。此外，Au 纳米粒子的 LSPR 效应还使其具有较高的光热转换效率，能够提高光催化剂的表面局部温度，活化反应物分子，加快反应速率[75]。

　　由于 SiC 负载 Pd 以后表现出了许多优异的光催化性能，因此将具有等离子共振效应的金属纳米颗粒，如 Au 负载到 SiC 上也可能会有一些意想不到的结果。郝彩红等人研究了 Au/SiC 体系的光催化性能，发现 1％（质量分数）负载量的 Au/SiC 就可以高效催化 α,β-不饱和醛的选择性加氢[76]。从透射电子显微镜照片（图 4-27）可以看出，负载在 SiC 载体上的 Au 纳米颗粒平均尺寸约 6nm。紫外-可见吸收光谱（图 4-28）表明，Au 纳米颗粒在 520nm 处有一个弱的吸收峰，正好和 Au 纳米颗粒的 LSPR 吸收峰接近。Au/SiC 催化剂对 α,β-不饱和醛加氢具有非常高的活性和选择性，具体反应结果见表 4-4。

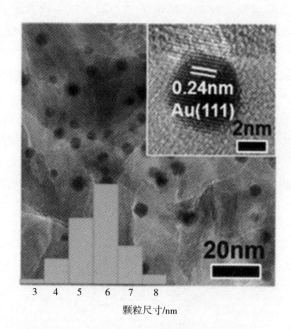

图 4-27　Au/SiC 催化剂的透射电镜照片[76]

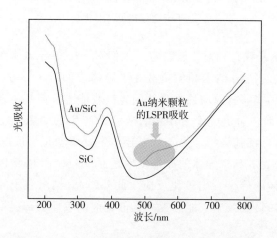

图 4-28　Au/SiC 催化剂的紫外可见吸收光谱[76]

表 4-4　Au/SiC 光催化 α，β-不饱和醛选择性加氢结果[76]

反应	反应物	产物	转化率/%	选择性/%	TOF/h⁻¹
1	肉桂醛	肉桂醇	100	100	487
2	4-硝基肉桂醛	4-硝基肉桂醇	85	92	205
3	4-甲氧基肉桂醛	4-甲氧基肉桂醇	100	93	122
4	4-二甲氨基肉桂醛	4-二甲氨基肉桂醇	81	100	106
5	糠醛	糠醇	100	100	263
6	5-羟甲基糠醛	2,5-双羟甲基呋喃	90	93	220
7	呋喃丙烯醛	呋喃丙烯醇	92	96	233
8	巴豆醛	巴豆醇	77	89	180
9	2-己烯醛	2-己烯醇	70	84	155
10	2-甲基-2-戊烯醛	2-甲基-2-戊烯醇	72	85	161
11	甲基乙烯基酮衍生物	对应醇	64	81	136
12	1-戊烯-3-酮	1-戊烯-3-醇	53	72	100

注：反应条件　将 1.6mmol 底物、20mg KOH 以及 30mg 1%（质量分数）Au/SiC 催化剂分散在 10mL 异丙醇中，在 20℃氩气气氛下用氙灯（波长 400～800nm，光强 1.0W/cm²）照射。反应时间，除了 1（130min）、3 和 4（8h）外，均为 4h。反应副产物主要为饱和醛和饱和醇。

从表 4-4 可以看出，Au/SiC 对不同取代基的芳香醛的加氢选择性都很高，而对脂肪醛加氢的选择性稍低。这种选择性的差异，可能跟催化剂上的加氢活性位有关。在 Au/SiC 光催化肉桂醛加氢过程中，由于 Au 等离子共振电子的注入，SiC 导带产生了富裕的高能热电子，这些热电子在 Au-SiC 界面处聚集。负电荷聚集的 Au-SiC 界面由于电子效应和空间位阻效应，使得肉桂醛分子只能立式吸附在界面处，即 C═O 键吸附有利而 C═C 键吸附位阻较大。表面正电荷化的 Au 纳米颗粒可以氧化异丙醇生成丙酮和活性氢，活性氢迁移到 Au-SiC 界面发生反应，从而高选择性地得到肉桂醇（图 4-29）。

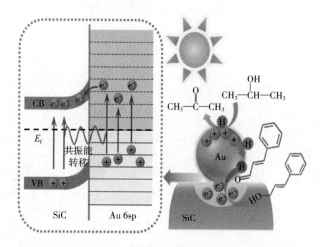

图 4-29　Au/SiC 光催化肉桂醛选择性加氢机理示意图

既然 Pd-SiC 和 Au-SiC 之间的电子转移情况完全不同，那么人们很自然就能想到将二者同时负载到 SiC 表面可能会产生一些新的现象。笔者课题组研究了 3%（质量分数）的 Pd/SiC 催化剂中添加 Au 对光催化硝基苯加氢性能的影响，发现添加少量 Au 就可以显著提高催化剂性能，但 Au 添加量过多时催化剂性能会下降[77]。从图 4-30 可以看出，只有当 Au 的负载量在 0.5%～2.5%（质量分数）之间时，催化剂的活性最好。而恰好在这个范围内，催化剂对 H$_2$ 的吸附量也最高。

通过分析吸附 H$_2$ 后催化剂中 H 和 Pd 的比值，我们发现 H 和 Pd 的比值已经接近 10，说明大部分的氢吸附在 SiC 表面而非金属钯表面。由于单独的 SiC 只能吸附非常少量的氢，因此大量的氢只能是从 Pd 颗粒表面溢流过来的。也就是说，H$_2$ 先在 Pd 颗粒上发生解离吸附，然后溢流到 SiC 表面并与表面 Si 和 C 分别形成 Si—H 和 C—H 化学键。氢气的吸附和脱附结果表明，Pd/SiC 催化剂中加入 Au，不仅 H$_2$ 的吸附量增加，而且 H$_2$ 的脱附温度也明显提前，如图 4-31 所示。结合其他一些实验结果，我们认为 SiC 负载 Au 和 Pd 以后表面电子结构发

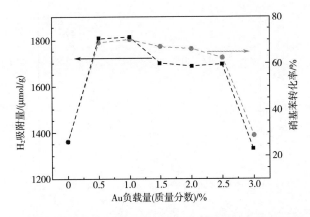

图 4-30　Au 负载量对 Pd-Au/SiC 吸氢和硝基苯加氢性能的影响[77]

生变化，产生了更多能接受溢流氢的活性位，但是这些活性位与氢原子形成的化学键稍弱。由于 SiC 表面对氢的键合作用减弱，这些氢更容易在表面迁移，从而增加了参与化学反应的机会。硝基苯在 SiC、Pd/SiC 以及 Pd-Au/SiC 上吸附的红外光谱表明，硝基苯的吸附和活化均发生在 SiC 表面上。因此，SiC 表面氢浓度提高对硝基苯加氢反应更有利。从图 4-32 可以看出，硝基苯加氢的反应速率与表面氢浓度的 3 次方近似成比例，进一步说明表面氢对反应的重要性。

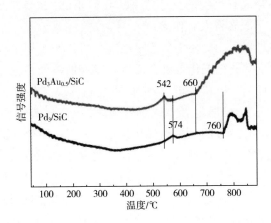

图 4-31　Pd/SiC 和 Pd-Au/SiC 的 H_2 程序升温脱附图[77]

　　Au 和 Pd 在多相催化中的协同效应已经被人们研究了很多年[78]。一般认为，Au 和 Pd 的协同效应有两种情况。一种是电子效应（electronic effect），即 Au 和 Pd 之间发生了电子转移；另一种是集团效应（ensemble effect），即 Au 将 Pd 表面分隔成一些较小的活性表面，或者使 Pd 的晶面间距增大。笔者课题组的研究工作表明，Au 和 Pd 同时负载在半导体 SiC 表面时会产生一种新的协同效应，即改变了半导体载体表面的电子性质。这可能是负载型金属/半导体催化剂的一个

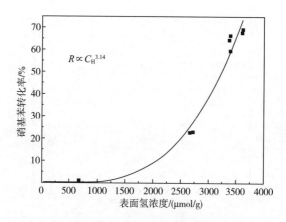

图 4-32   硝基苯转化率与表面氢浓度的关系[77]

新特性。

近年来，光催化有机合成的发展非常迅速，已经成为光催化研究领域的一个重要分支。以 SiC 作为光催化剂或光催化剂载体的研究才刚刚起步，仍需大量的研究和探索。尤其是对金属纳米颗粒和 SiC 表面的相互作用，以及在这种催化剂上光催化反应的机理，认识仍然比较肤浅。这些模糊和不足的地方，将会进一步激发人们对 SiC 光催化有机合成的关注，有针对性地设计 SiC 基光催化剂，以及优化光催化选择性合成有机物的反应体系。我们相信，"金属/SiC"催化剂在光催化合成有机合成领域必将大有作为。

从前面的介绍可以看出，SiC 在光催化研究的几个主要方向，如光解水、有机物降解、CO_2 还原以及光催化有机合成等，都有所涉及。但是，不同课题组使用的碳化硅晶型不同（α-相和 β-相），实验装置和反应条件也不相同，因此实验结果也难以进行比较。根据笔者本人的理解，β-SiC 比表面积大、禁带宽度小（约 2.4eV），应该具有较好的可见光催化性能。SiC 光催化剂的特点是导带电位比较负，因此比较适合一些还原性反应，比如光解水和 CO_2 还原。SiC 负载金属纳米颗粒以后，两者间会发生强烈的电子相互作用，这种相互作用的结果并非总是提高光催化剂活性，有时也会产生负面作用。在金属/SiC 体系中，Pd/SiC 比较突出，对许多有机反应表现出优异的光催化性能，相关的机理还有待深入研究。

总体来说，高比表面积 SiC 在光催化领域还是一种比较新的材料。它化学性质稳定、耐酸碱腐蚀、能带结构合适、可见光响应好，是一种非常有前景的环境友好型光催化材料。目前，已经有不少关于 SiC 光催化的工作。但是和 TiO_2 相比 SiC 光催化的研究还显得非常少。对 SiC 进行掺杂、修饰或与其他半导体形成复合物，均可提高其光催化性能。随着人们对高比表面积 SiC 性质的了解与重视，SiC 材料在光催化中的应用将越来越广泛。

参考文献

[1] Fujishima A, Honda K.Electrochemical photolysis of water at a semiconductor electrode.Nature,1972, 238:37-38.

[2] Kitano M, Hara M.Heterogeneous photocatalytic cleavage of water.J Mater Chem,2010,20:627-641.

[3] 黄昆.固体物理学.北京:北京大学出版社,2009.

[4] Wang D, Peng Y, Wang Q, Pan N Y, Guo Z N, Yuan W X.High-efficient photo-electron transport channel in SiC constructed by depositing cocatalysts selectively on specific surface sites for visible-light H_2 production.Appl Phys Lett,2016,108(16):161601.

[5] Yasuda T, Kato M, Ichimura M, Hatayama T.SiC photoelectrodes for a self-driven water-splitting cell. Appl Phys Lett,2012,101:053902.

[6] 王丹军,张洁,郭莉,申会东,付峰,薛岗林,方轶凡.基于能带结构理论的半导体光催化材料改性策略.无机材料学报,2015,30(7):683-693.

[7] Kudo A, Miseki Y.Heterogeneous photocatalyst materials for water splitting.Chem Soc Rev,2009,38: 253-278.

[8] Nariki Y, Inoue Y, Tanaka K.Production of ultra fine SiC powder from SiC bulk by arc-plasma irradiation under different atmospheres and its application to photocatalysts.J Mater Sci,1990,25:3101-3104.

[9] 高艳婷.碳化硅可见光下光催化性能的研究.天津:天津大学,2006.

[10] 郝建英.高比表面积碳化硅制备及光解水性能研究.北京:中国科学院大学,2012.

[11] Hao J Y, Wang Y Y, Tong X L, Jin G Q, Guo X Y.SiC nanomaterials with different morphologies for photocatalytic hydrogen production under visible light irradiation.Catal Today,2013,212:220-224.

[12] Hao J Y, Wang Y Y, Tong X L, Jin G Q, Guo X Y.Photocatalytic hydrogen production over modified SiC nanowires under visible light irradiation.Int J Hydrogen Energy,2012,37:15038-15044.

[13] Dong L L, Wang Y Y, Tong X L, Jin G Q, Guo X Y.Synthesis and characterization of boron-doped SiC for visible light driven hydrogen production.Acta Phys Chim Sin,2014,30:135-140.

[14] Yang J J, Yang Y R, Zeng X P, Yuan W X.Mechanism of water splitting to hydrogen by silicon carbide nanoparticles.Sci Adv Mater,2013,5:155-159.

[15] Du J L, Wen B, Melnik R.Mechanism of hydrogen production via water splitting on 3C-SiC's different surfaces:A first-principles study.Comp Mater Sci,2014,95:451-455.

[16] Wang M M, Chen J J, Liao X, Liu Z X, Zhang J D, Gao L, Li Y.Highly efficient photocatalytic hydrogen production of platinum nanoparticle-decorated SiC nanowires under simulated sunlight irradiation.Int J Hydrogen Energy,2014,39:14581-14587.

[17] Wang D, Guo Z N, Peng Y, Yuan W X.Visible light induced photocatalytic overall water splitting over micro-SiC driven by the Z-scheme system.Catal Commun,2015,61:53-56.

[18] Wang D, Wang W J, Wang Q, Guo Z N, Yuan W X.Spatial separation of Pt and IrO_2 cocatalysts on SiC surface for enhanced photocatalysis.Mater Lett,2017,201:114-117.

[19] Gao Y T, Wang Y Q, Wang Y X.Photocatalytic hydrogen evolution from water on SiC under visible light irradiation.React Kinet Catal Lett,2007,91:13-19.

[20] Zhang Y L, Xia T, Wallenmeyer P, Harris C X, Peterson A A, Corsiglia G A, Murowchick J, Chen X B. Photocatalytic hydrogen generation from pure water using silicon carbide nanoparticles.Energy Technol, 2014,2:183-187.

[21]Wang Y W,Guo X N,Dong L L,Jin G Q,Wang Y Y,Guo X Y.Enhanced photocatalytic performance of chemically bonded SiC-graphene composites for visible-light-driven overall water splitting.Int J Hydrogen Energy,2013,38:12733-12738.

[22]王云伟.碳化硅/石墨类材料复合物的制备及其性能研究.北京:中国科学院大学,2013.

[23]Yang J J,Zeng X P,Chen L J,Yuan W X.Photocatalytic water splitting to hydrogen production of reduced graphene oxide/SiC under visible light.Appl Phys Lett,2013,102:083101.

[24]Zhou X F,Gao Q Z,Li X,Liu Y J,Zhang S S,Fang Y P,Li J.Ultra-thin SiC layer covered graphene nanosheets as advanced photocatalysts for hydrogen evolution.J Mater Chem A,2015,3:10999-11005.

[25]Zhou X F,Li X,Gao Q Z,Yuan J L,Wen J Q,Fang Y P,Liu W,Zhang S S,Liu Y J.Metal-free carbon nanotube-SiC nanowire heterostructures with enhanced photocatalytic H_2 evolution under visible light irradiation.Catal Sci Technol,2015,5:2798-2806.

[26]Wang B,Wang Y D,Lei Y P,Wu N,Gou Y Z,Han C,Xie S,Fang D.Mesoporous silicon carbide nanofibers with in situ embedded carbon for co-catalyst free photocatalytic hydrogen production. Nano Res,2016,9(3):886-898.

[27]温福宇,杨金辉,宗旭,马艺,徐倩,马保军,李灿.太阳能光催化制氢研究进展.化学进展,2009,21(11):2085-2302.

[28]Yan H J,Yang J H,Ma G J,Wu G P,Zong X,Lei Z B,Shi J Y,Li C.Visible-light-driven hydrogen production with extremely high quantum efficiency on Pt-PdS/CdS photocatalyst.J Catal,2009,266:165-168.

[29]Peng Y,Guo Z N,Yang J J,Wang D,Yuan W X.Enhanced photocatalytic H_2 evolution over micro-SiC by coupling with CdS under visible light irradiation.J Mater Chem A,2014,2:6296-6300.

[30]Peng Y,Guo Z N,Wang D,Pan N Y,Yuan W X.Heterogeneous nucleation of CdS to enhance visible-light photocatalytic hydrogen evolution of SiC/CdS composite.Appl Phys Lett,2015,107:012102.

[31]Li Y,Yu Z M,Meng J L,Li Y D.Enhancing the activity of a SiC-TiO_2 composite catalyst for photo-stimulated catalytic water splitting.Int J Hydrogen Energy,2013,38:3898-3904.

[32]Zhou X F,Liu Y J,Li X,Gao Q Z,Liu X T,Fang Y P.Topological morphology conversion towards SnO_2/SiC hollow sphere nanochains with efficient photocatalytic hydrogen evolution.Chem Commun,2014,50:1070-1073.

[33]Liao X,Chen J J,Wang M M,Liu Z X,Ding L J,Li Y.Enhanced photocatalytic and photoelectrochemical activities of SnO_2/SiC nanowire heterostructure photocatalysts.J Alloys Compd,2016,658:642-648.

[34]Wang B,Zhang J T,Huang F.Enhanced visible light photocatalytic H_2 evolution of metal-free g-C_3N_4/SiC heterostructured photocatalysts.Appl Surf Sci,2017,391:449-456.

[35]Zhou W M,Yan L J,Wang Y,Zhang Y F.SiC nanowires:A photocatalytic nanomaterial.Appl Phys Lett,2006,89:013105.

[36]Zhang J D,Chen J J,Xin L P,Wang M M.Hierarchical 3C-SiC nanowires as stable photocatalyst for organic dye degradation under visible light irradiation.Mater Sci Eng B,2014,179:6-11.

[37]Ouyang H B,Huang J F,Zeng X R,Cao L Y,Li C Y, Xiong X B,Fei J.Visible-light photocatalytic activity of SiC hollow spheres prepared by a vapor-solid reaction of carbon spheres and silicon monoxide.Ceram Int,2014,40(2):2619-2625.

[38]Li C Y,Ouyang H B,Huang J F,Zeng X R,Cao L Y,Fei J,Xiong X B.Synthesis and visible-light photocatalytic activity of SiC/SiO_2 nanochain heterojunctions.Mater Lett,2014,122:125-128.

[39]Yamashita H,Nishida Y,Yuan S,Mori K,Narisawa M,Matsumura Y,Ohmichi T,Katayama I.Design of

TiO$_2$-SiC photocatalyst using TiC-SiC nano-particles for degradation of 2-propanol diluted in water.Catal Today,2007,120:163-167.

[40]Juárez-Ramírez I,Moctezuma E,Torres-Martínez L M,Gómez-Solís C.Short time deposition of TiO$_2$ nanoparticles on SiC as photocatalysts for the degradation of organic dyes.Res Chem Intermed,2013,39: 1523-1531.

[41]Zou T,Xie C S,Liu Y,Zhang S S,Zou Z J,Zhang S P.Full mineralization of toluene by photocatalytic degradation with porous TiO$_2$/SiC nanocomposite film.J Alloys Compd,2013,552:504-510.

[42]Mishra G,Parida K M,Singh S K.Solar light driven Rhodamine B degradation over highly active β-SiC-TiO$_2$ nanocomposite.RSC Adv,2014,4:12918-12928.

[43]Doss N,Bernhardt P,Romero T,Masson R,Keller V,Keller N.Photocatalytic degradation of butanone (methylethylketone) in a small-size TiO$_2$/β-SiC alveolar foam LED reactor.Appl Catal B,2014,154-155: 301-308.

[44]Kouamé A N,Masson R,Robert D,Keller N,Keller V.β-SiC foams as a promising structured photocatalytic support for water and air detoxification.Catal Today,2013,209:13-20.

[45]Hao D,Yang Z M,Jiang C H,Zhang J S.Synergistic photocatalytic effect of TiO$_2$ coatings and p-type semiconductive SiC foam supports for degradation of organic contaminant.Appl Catal B,2014,144: 196-202.

[46]Lu W,Guo L W,Jia Y P,Guo Y,Li Z L,Lin J J,Huang J,Wang W J.Significant enhancement in photocatalytic activity of high quality SiC/graphene core-shell heterojunction with optimal structural parameters.RSC Adv,2014,4:46771-46779.

[47]Lin S,Zhao X S,Li Y F,Huang K,Jia R X,Liang C,Xu X,Zhou Y F,Wang H,Fan D Y,Yang H J,Zhang R,Wang Y G,Lei M. RGO-supported β-SiC nanoparticles by a facile solvothermal route and their enhanced adsorption and photocatalytic activity.Mater Lett,2014,132:380-383.

[48]Inoue T,Fujishima A,Konishi S,Honda K.Photoelectrocatalytic reduction of carbon dioxide in aqueous suspensions of semiconductor powders.Nature,1979,277:637-638.

[49]Yamamura S,Kojima H,Iyoda J,Kawai W.Formation of ethyl alcohol in the photocatalytic reduction of carbon dioxide by SiC and ZnSe/metal powders.J Electroanal Chem,1987,225:287-290.

[50]Yamamura S,Kojima H,Iyoda J,Kawai W.Photocatalytic reduction of carbon dioxide with metal-loaded SiC powders.J Electroanal Chem,1988,247:333-337.

[51]Eggins B R,Robertson P K J,Murphy E P,Woods E,Irvine J T S.Factors affecting the photoelectrochemical fixation of carbon dioxide with semiconductor colloids.J Photochem Photobiol A,1998,118:31-40.

[52]Dzhabiev T S.Photoreduction of carbon dioxide with water in the presence of SiC/ZnO heterostructural semiconductor materials.Kinet Catal,1997,38(6):795-800.

[53]Li H L,Lei Y G,Huang Y,Fang Y P,Xu Y H,Zhu L,Li X.Photocatalytic reduction of carbon dioxide to methanol by Cu$_2$O/SiC nanocrystallite under visible light irradiation.J Nat Gas Chem,2011,20:145-150.

[54]Gondal M A,Ali M A,Dastageer M A,Chang X F.CO$_2$ conversion into methanol using granular silicon carbide(6H-SiC):A comparative evaluation of 355nm laser and xenon mercury broad band radiation sources.Catal Lett,2013,143:108.

[55]Wang Y,Zhang L N,Zhang X Y,Zhang Z Z,Tong Y C,Li F Y,Wu J C S,Wang X X.Openmouthed β-SiC hollow-sphere with highly photocatalytic activity for reduction of CO$_2$ with H$_2$O.Appl Catal B,2017,206: 158-167.

[56]Azzouz F,Kaci S,Bozetine I,Keffous A,Trari M,Belhousse S,Aissiou-Bouanik S.Photochemical conversion of CO_2 into methyl alcohol using SiC micropowder under UV light.Acta Phys Pol A,2017,132(3):479-483.

[57]Sarina S,Waclawik E R,Zhu H Y.Photocatalysis on supported gold and silver nanoparticles under ultraviolet and visible light irradiation.Green Chem,2013,15:1814-1833.

[58]Lang X J,Chen X D,Zhao J C.Heterogeneous visible light photocatalysis for selective organic transformations.Chem Soc Rev,2014,43:473-486.

[59]Li X H,Antonietti M.Metal nanoparticles at mesoporous N-doped carbons and carbon nitrides:functional Mott-Schottky heterojunctions for catalysis.Chem Soc Rev,2013,42:6593-6604.

[60]Kormányos A,Endrödi B,Ondok R,Sápi A,Janáky C.Controlled photocatalytic synthesis of core-shell SiC/polyaniline hybrid nanostructures.Materials,2016,9:201.

[61]Bermudez V M.Structure and properties of cubic silicon carbide (100) surfaces:A review.Phys Stat Sol (b),1997,202:447-473.

[62]Wang Y B,Guo X N,Lv M Q,Zhai Z Y,Wang Y Y,Guo X Y.Cu_2O/SiC as efficient catalyst for Ullmann coupling of phenols with aryl halides.Chin J Catal,2017,38:658-664.

[63]Jiao Z F,Guo X N,Zhai Z Y,Jin G Q,Wang X M,Guo X Y.The enhanced catalytic performance of Pd/SiC for the hydrogenation of furan derivatives at ambient temperature under visible light irradiation.Catal Sci Technol,2014,4:2494-2498.

[64]Jiao Z F,Zhai Z Y,Guo X N,Guo X Y.Visible-light-driven photocatalytic Suzuki-Miyaura coupling reaction on Mott-Schottky-type Pd/SiC catalyst.J Phys Chem C,2015,119:3238-3243.

[65]Wang B,Guo X N,Jin G Q,Guo X Y.Visible-light-enhanced photocatalytic Sonogashira reaction over silicon carbide supported Pd nanoparticles.Catal Commun,2017,98:81-84.

[66]Kelly K L,Coronado E,Zhao L L,Schatz G C.The optical properties of metal nanoparticles:The influence of size,shape,and dielectric environment.J Phys Chem B,2003,107:668-677.

[67]Linic S,Christopher P,Ingram D B.Plasmonic-metal nanostructures for efcient conversion of solar to chemical energy.Nat Mater,2011,10:911-921.

[68]Chen X,Zhu H Y,Zhao J C,Zheng Z F,Gao X P.Visible-light-driven oxidation of organic contaminants in air with gold nanoparticle catalysts on oxide supports.Angew Chem Int Ed,2008,47:5353-5356.

[69]Wu X Y,Jaatinen E,Sarina S,Zhu H Y.Direct photocatalysis of supported metal nanostructures for organic synthesis.J Phys D:Appl Phys,2017,50:283001.

[70]Marimuthu A,Zhang J W,Linic S.Tuning selectivity in propylene epoxidation by plasmon mediated photo-switching of Cu oxidation state.Science,2013,339:1590-1593.

[71]Guo X N,Hao C H,Jin G Q,Zhu H Y,Guo X Y.Copper nanoparticles on graphene support:An efficient photocatalyst for coupling of nitroaromatics in visible light.Angew Chem Int Ed,2014,53:1973-1977.

[72]Wu K,Chen J,McBride J R,Lian T.Efficient hot-electron transfer by a plasmon-induced interfacial charge-transfer transition.Science,2015,349:632-635.

[73]Cushing S K,Li J,Meng F,Senty T R,Suri S,Zhi M J,Li M,Bristow A D,Wu N Q.Photocatalytic activity enhanced by plasmonic resonant energy transfer from metal to semiconductor.J Am Chem Soc,2012,134:15033.

[74]Liu L Q,Ouyang S X,Ye J H.Gold-nanorod-photosensitized titanium dioxide with wide-range visible-light harvesting based on localized surface plasmon resonance.Angew Chem Int Ed,2013,52:6689-6693.

[75]Wang F,Li C H,Chen H J,Jiang R B,Sun L D,Li Q,Wang J F,Yu J C,Yan C H.Plasmonic harvesting of light energy for Suzuki coupling reactions.J Am Chem Soc,2013,135:5588-5601.

[76]Hao C H,Guo X N,Pan Y T,Chen S,Jiao Z F,Yang H,Guo X Y.Visible-light-driven selective photocatalytic hydrogenation of cinnamaldehyde over Au/SiC catalysts.J Am Chem Soc,2016,138:9361-9364.

[77]Hao C H,Guo X N,Sankar M,Yang H,Ma B,Zhang Y F,Tong X L,Jin G Q,Guo X Y.Synergistic effect of segregated Pd and Au nanoparticles on semiconducting SiC for efficient photocatalytic hydrogenation of nitroarenes.ACS Appl Mater Interfaces,2018,10(27).

[78]Chen M S,Kumar D,Yi C W,Goodman D W.The promotional effect of gold in catalysis by palladium-gold.Science,2005,310:291-293.

第 **5** 章

高比表面积碳化硅电催化应用

　　我们知道，化学反应发生的驱动力是电子在不同反应物之间的转移。在电催化过程中，反应物通过与电催化剂表面相互作用实现电子的转移。由于施加在催化剂上的电势和电场都可以调节，电催化反应可以在常温、常压的条件下发生。大多数电催化剂和普通的负载型催化剂相似，即由分散在固体表面的高分散金属纳米颗粒组成。所不同的是，电催化剂不仅要能活化吸附在其表面的反应物，还要在反应物和电极之间传递电子，因此要求载体具有良好的导电性。也就是说，作为电催化剂载体的材料除了应该有高的比表面积、良好的稳定性、合适的孔结构以外，还必须有良好的导电性。通常用作催化剂载体的高比表面积固体，如氧化铝、氧化硅以及分子筛等材料，都不能满足导电性的要求。在这种限制下，目前的电催化剂载体几乎都是碳基载体。然而，碳载体在强酸或碱、潮湿、高电势条件下很容易被腐蚀，导致结构塌陷，催化剂寿命缩短。

　　碳化硅是一种典型的由共价键结合在一起的化合物，化学性质非常稳定，在强酸或强碱环境下不会发生腐蚀。最重要的是，碳化硅的导电性良好，这一特性决定了它可能成为一种性能优异的电催化剂或者载体。由于商业碳化硅粉体的比表面积很低，以前很少有人将其用于电催化剂载体。实际上，早在 1941 年，Hume 和 Kolthoff 就报道了 SiC 作为氧化还原电极具有和贵金属 Pt、Au 等类似的行为[1]。1988 年，日本学者 Honji 等采用化学还原法制备了 Pt/SiC 催化剂，发现 Pt 纳米粒子能够均匀地分散在 SiC 表面，且当 Pt 的负载量为 23％时，在磷酸溶液中具有与 Pt/C 催化剂相当的电化学氧气还原性能[2]。不同研究者比较了立方相 SiC 纳米晶电极和传统玻碳电极的电化学特征，发现 SiC 电极具有电势窗口宽、背景电流小而且稳定、电化学活性高等特点[3,4]。随着对高比表面积碳化硅研究的不断深入，人们已经开始注意到碳化硅材料作为电催化剂载体的优势，相关的研究报道也越来越多。

本章将系统介绍碳化硅在电化学传感器、燃料电池、太阳能电池、锂离子电池和超级电容器等方面应用的研究情况，以及涉及的电催化反应机理。

5.1 电化学传感器

电化学传感器可方便地测量气相或液相中的微量化学成分，早期用来监测氧气浓度，后来渐渐用于检测各种有毒气体，现在也用于检测与临床疾病相关的化学物质，如酶、蛋白质、核酸等。电化学传感器通过与被测物发生反应并产生与被测物浓度成正比例的电信号来工作。工作的一般原理为，被测物在电极表面发生电化学反应，产生的电化学信号通过信号转换元件转化为电信号，然后进行放大、滤波等处理，最后转变为被测物的浓度。电化学传感器具有简便、快速的优势，已经广泛地应用在酒店防火、安全检查以及疾病诊断等许多领域。它的关键材料是电极表面的催化剂，同样对它也有活性、选择性和稳定性的要求。目前，电催化剂发展仍然面临一些问题，例如待测样本中存在其他电活性物质时对被测物的干扰、样本基体中电子传递途径复杂、长期使用稳定性差、特定目标分析物灵敏度低、工作电极机械性能差等。因此，进一步提高电催化剂的灵敏度、选择性和稳定性是电化学传感器研究要解决的主要问题。

近年来，随着纳米材料科学和生物技术的发展，许多学者开始将目光转向应用纳米材料的电化学传感和电化学生物传感的研究，而这有赖于新型的纳米材料。SiC 具有优异的化学稳定性，在酸碱条件下不发生腐蚀；同时 SiC 本身无毒，具有非常好的生物兼容性。另外，SiC 的导电能力也较好，背景电流低，抗干扰能力强，这些性质预示了 SiC 是一种非常有前景的电化学传感器材料。近年来，人们研究了 SiC 在电化学检测无机分子、有机分子以及金属和非金属离子等方面的性能。

5.1.1 气体检测

气体传感器在工业生产和日常生活中有着非常广泛的用途，常见的有可燃气体检测器。气体传感器中包含很多材料和部件，SiC 主要用作气敏材料。SiC 气体传感器可以利用各种形式的器件原理进行设计，如电容器、晶体管、肖特基二极管等。当利用肖特基二极管原理时，SiC 通常还需要与 Pd、Pt 等能活化被测

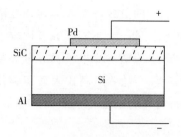

图 5-1　Pd/SiC 肖特基二极管式
气体传感器示意图

气体的金属形成肖特基接触。以 H_2 检测为例，当 H_2 接触到金属 Pd 时先在金属表面发生解离形成原子氢，后者扩散到金属-SiC 界面改变肖特基接触的电流-电压（I-V）特性。I-V 特性的改变，实际上是由界面处肖特基接触的电阻变化引起的。因此，这种传感器主要依靠测量肖特基接触的电阻变化来确定气体浓度变化。Pd/SiC 肖特基二极管式气体传感器如图 5-1 所示，图中的 SiC 层通常要制备成多孔结构。

2008 年，Bourenane 等人先采用脉冲激光在硅片上沉积了一层 SiC，然后采用电化学腐蚀方法在 SiC 层中形成多孔结构，再沉积上 Pd 或者 Pt，研究了这种 Pd/SiC 和 Pt/SiC 肖特基二极管对氢气和乙烷的气敏特性[5]。同一课题组还研究了 Pd/SiC 和 Pt/SiC 肖特基二极管对 CO_2 和丙烷的气敏特性，发现检测灵敏度跟金属种类，以及 SiC 层的厚度和孔结构密切相关[6]。采用类似方法，Kim 和 Chung 在多晶 SiC 层中腐蚀出了 25nm 和 60nm 两种尺寸的孔，然后溅射上 Pd 或者 Pt，发现孔尺寸为 25nm 的 SiC 样品具有更好的 H_2 响应性能[7]。两种不同孔尺寸的 Pd/SiC 在 H_2（1.1×10^{-4}）气氛中的电阻变化如图 5-2 所示。从图中可以看出，Pd/SiC 肖特基二极管遇到 H_2 时电阻明显降低。但是，Pt/SiC 二极管的电阻在 H_2 中则会增加，Keffous 等人也报道了类似的结果[8]。在高温环境下，Pd/SiC 体系接触到 H_2 时电阻变化最大，因而检测 H_2 的灵敏度更高。

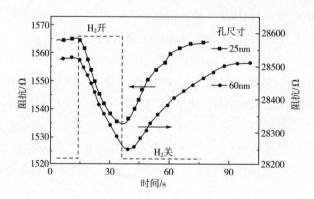

图 5-2　两种不同孔尺寸（25nm 和 60nm）的 Pd/SiC 在
H_2（1.1×10^{-4}）气氛中的电阻变化情况[7]

湿度传感器专门检测气相中水蒸气的浓度，也是一类重要的传感器，传统上使用的催化材料是阳极氧化法制备的多孔硅。多孔硅活性很高，但是表面容易被空气氧化，尤其是在高温环境下。Boukezzata 等人研究了 Au/SiC 的湿度敏感性能，发现 Au/SiC 传感器的电阻随着环境中湿度增加呈指数增长的趋势[9]。研究者认为，造成电阻指数增长的原因可能是水分子在 SiC 孔道中发生了凝聚，使半导体的多孔 SiC 变成了绝缘体。除了肖特基接触以外，金属与 SiC 之间形成欧姆接触，也可以作为气敏材料应用于高温等苛刻环境中[10]。

石墨烯/SiC 复合物也可以作为气敏材料。Kaushik 等先在 SiC 上外延生长一层石墨烯，然后用离子束辐照使石墨烯表面产生缺陷，研究了这种石墨烯/SiC 复合物对氨气（NH_3）和二氧化氮（NO_2）的气敏性能[11]。研究者发现，用离子束处理以后，石墨烯/SiC 复合物对 NH_3 和 NO_2 的检测灵敏度都得到了明显提高。究其原因，是离子束处理在石墨烯表面产生了凸起、扭曲和折叠等缺陷，这些缺陷具有较高的活化被测分子的能力。

5.1.2　溶液中离子的检测

随着人类活动的增加，环境中的一些有害离子在不断累积，如重金属阳离子和亚硝酸根等阴离子。这些离子的浓度虽然很低，但是如果不加控制地任其增长，就会对人类健康造成很大的威胁。由于这些离子通常需要在强酸性溶液中检测，因此 SiC 材料在这方面具有明显的优势。

检测环境中的痕量金属阳离子，常用阳极溶出伏安法，即在一定电位下使被测阳离子还原成金属并富集在电极表面，然后向电极施加反向电压使富集的金属发生氧化，产生氧化电流，分析氧化过程中电流-电压曲线计算被测离子的浓度。锡根大学姜辛课题组在硅片上用化学气相沉积法生长了一层 3C-SiC 薄层，作为工作电极，采用阳极溶出伏安法检测 Cu^{2+}、Ag^+ 等离子[12]。研究者发现，在 SiC 电极上氧化电流与被测离子浓度之间呈现非常好的线性关系，如图 5-3 所示。SiC 电极对 Cu^{2+} 和 Ag^+ 具有非常高的检测灵敏度，检测下限分别为 $6×10^{-9}$ 和 $4×10^{-9}$。立方相 SiC 电极不仅检测灵敏度高、可再生性好，还可以同时检测溶液中存在的多种金属阳离子，是一种非常有应用前景的电极材料。

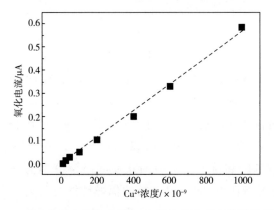

图 5-3　SiC 电极上氧化电流和 Cu^{2+} 浓度之间的线性关系[12]

亚硝酸盐是有机氮分解的重要中间产物，广泛存在于天然水体、土壤和食品中，人体摄入过量亚硝酸盐会导致多种疾病。电化学伏安法是检测亚硝酸盐的常用方法之一，它根据亚硝酸根离子在电极上发生氧化反应产生氧化电流的大小确定其浓度[13]。电极材料一般是石墨，容易受溶液中其他组分的干扰。因此，发展能抗干扰、灵敏度高的电极材料具有非常现实的意义。Salimi 等人报道，采用 SiC 纳米颗粒和咪唑溴盐离子液体修饰的玻碳电极可以高选择性地检测亚硝酸根离子，检测范围在 20nmol/L 到 350μmol/L 之间[14]。侯新梅课题组报道，β-SiC 晶须（直径 100~500nm）电极在中性水溶液中检测亚硝酸根离子，检测下限达 3.5μmol/L[15]。同一课题组还比较了 SiC 纳米线和硼掺杂 SiC 纳米线对亚硝酸根离子的检测性能，发现 SiC 纳米线在 50~15000μmol/L、B-SiC 纳米线在 5~8000μmol/L 之间，氧化峰电流和亚硝酸根离子浓度之间呈良好的线性关系[16]。

陈贵贤课题组制备了一种石墨烯包裹的 SiC 纳米片阵列，发现这种复合物对溶液酸碱度（pH 值）非常敏感，在 pH 值 2~12 范围内电导率随溶液 pH 值增加而线性增加，因而可以灵敏地检测溶液的 pH 值[17]。这种石墨烯/SiC 复合材料对溶液酸碱度的敏感性与 OH^- 在材料表面的定向吸附有关。

5.1.3　有机污染物及生物分子的检测

SiC 也被用来检测环境中的有机污染物，以及一些与临床疾病有关的生物分子，如葡萄糖、多巴胺等。检测原理一般也是被测物在一定的电位下发生氧化或还原反应，通过氧化/还原电流和被测物浓度之间关系的工作曲线估算被测物浓度。在伏安图上，氧化电流表现为一个向上凸起的电流峰，而还原电流则向下凹陷，具体可参考有关电化学著作。

李灿鹏课题组通过葡萄糖水热反应使 SiC 表面—OH 官能团化，然后原位制备出 TiO_2-SiC 复合物，最后采用化学还原法将 Pd 纳米粒子均匀地负载到 TiO_2-SiC 复合物表面，得到 Pd/TiO_2-SiC 催化剂[18]。他们发现，这种复合催化剂修饰的玻碳电极氧化对苯二酚和双酚 A 的峰电位分别为 0.20V 和 0.44V，如图 5-4 所示。氧化电位相差 0.24V，说明这种电极可以同时检测对苯二酚和双酚 A。在 0.01~200μmol/L 的浓度范围内，氧化电流和被测物浓度之间具有非常好的线性关系。Pd/TiO_2-SiC 修饰电极对对苯二酚和双酚 A 的检测极限分别为 5.5nmol/L 和 4.3nmol/L。同一课题组还用类似方法制备了 Au/C-SiC 复合物催化剂，发现该催化剂可以同时检测邻硝基苯酚和对硝基苯酚，检测下限分别为 0.019μmol/L 和 0.023μmol/L。在检测过程中，硝基（—NO_2）发生还原反应变成氨基（—NH_2），邻硝基苯酚和对硝基苯酚的还原峰电位分别为 −0.66V 和 −0.78V，如图 5-5 所示。研究者认为，SiC 复合物的优异性能与其高比表面积和良好的导电性有很大关系[19]。

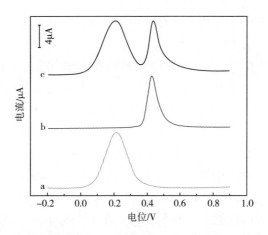

图 5-4　对苯二酚和双酚 A 在 Pd/TiO₂-SiC 催化剂上的氧化电位[18]

a、b、c 分别为对苯二酚、双酚 A 以及两者混合溶液的伏安曲线

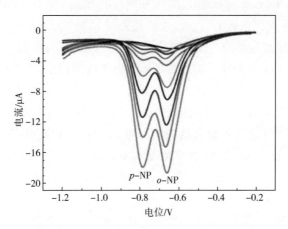

图 5-5　不同浓度对硝基苯酚（p-NP）和

邻硝基苯酚（o-NP）的伏安曲线[19]

　　农药可以有效防治农业生产中的病虫害，但不合理使用会导致农产品中的农药残留超标。因此，世界各国对农药残留问题高度重视，对各种农副产品中农药残留都规定了越来越严格的限量标准。喹硫磷是一种有机磷农药，广泛用于果树、蔬菜等的害虫防治。Khare 等人采用 SiC 纳米颗粒修饰的玻碳电极，实现了对喹硫磷的高效检测[20]。峰电流随喹硫磷浓度在 $(6.69 \times 10^{-9} \sim 1.34 \times 10^{-6})$ mol/L 之间线性增加，检测下限为 1.34×10^{-9} mol/L。

　　由于 SiC 具有非常好的生物相容性，将其用于生物传感器方面的研究近年来逐渐增多，已经有一些综述文章对此进行了比较详细的介绍[21]。作为一种生物传感材料，本身应该具有较好的化学惰性，植入生物体或者与生物体液接触不会发生有害的化学反应。在生物传感器中，SiC 通常作为活性物质的载体，有时候也直接作为活性物质使用。

他达拉非（tadalafil）是一种磷酸酶抑制剂，作为临床药物使用时有一定的副作用，因此检测其在血液中的浓度非常重要。李灿鹏课题组先将 SiC 纳米颗粒表面氨基化，再利用化学还原法在 SiC 表面负载 Au 纳米粒子（约 5nm），而后用 β-环糊精对 Au/SiC 进行表面官能团化[22]。采用这种复合物修饰的电极在乙腈共存条件下，表现出对他达拉非优异的电化学响应，线性响应范围在 $0.01\sim$ 100mmol/L 之间，检测下限为 2.5nmol/L。氯雷他定（loratadine）是一种胺，临床上用于治疗过敏症状。伊朗学者 Roushani 等人研究了 SiC 纳米颗粒修饰的玻碳电极电化学检测氯雷他定的性能[23]。他们发现，在 $1\sim33\mu mol/L$ 的浓度范围内，氧化峰电流与氯雷他定浓度呈线性增长趋势，检测极限为 $0.15\mu mol/L$。伊朗学者 Norouzi 等人研究了石墨烯-SiC 复合物修饰电极的电化学性能，发现该电极检测坎地沙坦西酯（candesartan cilexetil）的线性响应范围为 $(0.5\sim120)\times10^{-8}mol/L$，检测极限为 $5.2\times10^{-9}mol/L$[24]。

葡萄糖是一种多羟基醛，是自然界分布最广且最为重要的一种单糖。在食品加工、临床诊断等许多领域，都需要对葡萄糖浓度进行检测。电化学检测主要基于葡萄糖在生物酶或者非酶催化剂上的电化学氧化过程来实现。覃勇课题组采用原子层沉积法在高比表面积碳化硅上沉积了尺寸均匀的氧化镍纳米颗粒，形成 NiO/SiC 复合物，发现这种复合物具有较好的葡萄糖检测性能[25]。计时安培分析法测试表明，NiO/SiC 复合物检测葡萄糖的灵敏度为 2.037mA/(mmol/L)，检测极限为 $0.32\mu mol/L$，氧化电流和葡萄糖浓度在 $4\mu mol/L\sim7.5mmol/L$ 范围内呈现良好的线性关系。

多巴胺是一种神经传递物质，在中枢神经系统中起着信息传递作用。一些神经系统疾病，如帕金森病、精神分裂症，均与体内多巴胺浓度的失衡有关。电化学检测多巴胺具有操作简单、反应快速、选择性高而且成本低的优点。2007 年，美国学者 Singh 和 Buchanan 报道了 SiC/C 复合物纤维制作的微电极可以高灵敏地检测多巴胺、维生素 C 等，发现氧化电流随被测物浓度线性变化[26]。由于人体中多巴胺通常是与抗坏血酸和尿酸共存的，并且它们的氧化峰电位相近，因此电化学检测多巴胺时容易受到抗坏血酸和尿酸的干扰，灵敏度和选择性不高。蔡玉真（Yu-Chen Tsai）课题组报道，SiC 纳米颗粒修饰的玻碳电极可以在抗坏血酸和尿酸共存的条件下高灵敏地检测多巴胺[27]。从图 5-6 可以看出，在玻碳电极上多巴胺（DA）、抗坏血酸（AA）和尿酸（UA）的氧化峰互相重叠 [图 5-6 (a)]，而在 SiC 修饰的玻碳电极上三者的峰电位差别非常明显 [图 5-6 (b)]。在抗坏血酸和尿酸共存时，多巴胺检测的灵敏度为 16.9A/(mol/L·cm²)，检测下限为 $0.05\mu mol/L$。德国锡根大学姜辛课题组采用微波等离子体化学沉积法制备了 3C-SiC 薄膜电极，采用差分脉冲伏安法研究了薄膜电极对多巴胺的检测性能[28]。研究发现，阳极峰电流随多巴胺浓度在 $2\sim200\mu$mol/L 之间呈线性增长，检测极限为 0.7μmol/L。

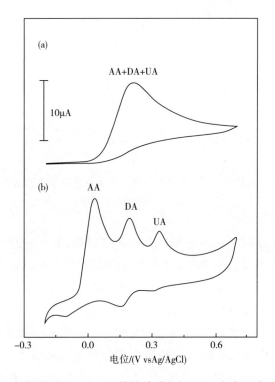

图 5-6　玻碳电极（a）和 SiC 修饰玻碳电极（b）在多巴胺（DA）、
抗坏血酸（AA）和尿酸（UA）混合溶液中的循环伏安结果[27]

　　肾上腺素是人体分泌的一种激素，也是神经传递物质。血液中肾上腺素浓度是反映交感神经功能状态的指标之一，它在研究体内交感神经的生理功能、药理机制和病理状态中占有十分重要的地位。传统的检测方法包括荧光法、分光光度计法和高效液相色谱法等，近年来电化学方法也被用来检测肾上腺素。刘献祥课题组利用酪氨酸酶与肾上腺素反应产生过氧化氢的特点，制备了可以检测肾上腺素的电化学发光（ECL）传感器[29]。研究者先将 SiC 粉末超声分散在壳聚糖溶液中，然后将抛光清洗后的玻碳电极浸入 SiC 悬浮液，在恒定电压下发生电沉积，得到 SiC/壳聚糖修饰的玻碳电极，再将 Nafion 溶液和酪氨酸酶的混合物滴加到修饰电极上，形成酪氨酸酶/SiC/壳聚糖修饰的玻碳电极。在肾上腺素溶液中，这种电极的发光强度与肾上腺素浓度（C_A）的对数在（$1.0\times10^{-9}\sim5.0\times10^{-5}$）mol/L 的浓度范围内呈线性相关，发光强度随肾上腺素浓度增加而增大，如图 5-7 所示。根据这种线性关系，可以测定溶液中肾上腺素的浓度，检测下限可达 $5.0 \times 10^{-10} \, \text{mol/L}$。

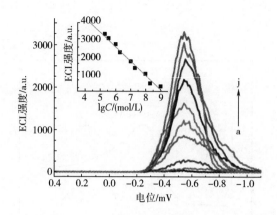

图 5-7   电化学发光（ECL）强度与肾上腺素浓度之间的关系[29]

（曲线 a→j：浓度依次增加）

SiC 除了用于检测生物小分子以外，还可以检测一些分子量较大的生物分子，如胰岛素、核酸等。Salimi 等人报道，胰岛素分子在 SiC 纳米颗粒修饰的玻碳电极上发生氧化时，过电位明显降低，氧化电流与胰岛素浓度之间有非常好的线性关系，因而可以用 SiC 修饰的玻碳电极检测胰岛素，如图 5-8 所示[30]。循环伏安法、差分脉冲伏安法以及流动注射分析（flow injection analysis）等方法测试结果表明，SiC 修饰电极的线性检测范围超过 600pmol/L，灵敏度为 710pA/（pmol/L·cm²），检测下限达 3.3pmol/L。Salimi 等人的工作表明，SiC 修饰电极检测胰岛素具有灵敏度高、催化活性好、响应时间短、稳定性好等特点。超氧

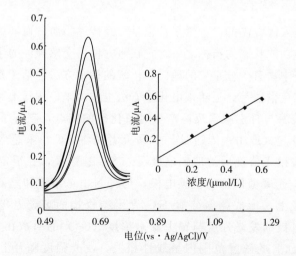

图 5-8   SiC 修饰电极对不同浓度胰岛素的差分脉冲伏安结果[30]

化物歧化酶可以催化超氧负离子（$O_2^{\cdot-}$）发生歧化反应产生氧气和过氧化氢，通常用此反应检测超氧负离子。伊朗同一课题组报道，超氧化物歧化酶与 SiC 纳米颗粒之间的电子转移可以表现为一对近乎可逆的氧化还原峰，因此将超氧化物歧化酶固载到 SiC 纳米颗粒上再用来修饰玻碳电极，可以检测超氧化物[31]。

　　李灿鹏课题组将 Au 纳米粒子均匀分散在尺寸在 100nm 的 SiC 颗粒上，作为非标记电化学免疫传感器，发现其对人绒毛膜促性腺激素具有非常高的电化学响应，检测范围为 0.1～1000IU/L，检测下限为 0.042IU/L[32]。

　　近年来，采用 SiC 修饰电极检测生物大分子引起了研究者的关注。Ghavami 等人发现，玻碳电极上修饰 SiC 纳米颗粒以后，采用差分脉冲伏安法可以同时检测脱氧核糖核酸（DNA）的四种碱基，不需要添加另外的电子转移助剂[33]。SiC 修饰的玻碳电极对鸟嘌呤（G）、腺嘌呤（A）、胸腺嘧啶（T）和胞嘧啶（C）的检测极限分别为 $0.015\mu mol/L$、$0.015\mu mol/L$、$0.14\mu mol/L$ 和 $0.14\mu mol/L$，灵敏度分别为 $0.39\mu A/(\mu mol/L)$、$0.33\mu A/(\mu mol/L)$、$0.017\mu A/(\mu mol/L)$ 和 $0.050\mu A/(\mu mol/L)$。杨年俊等人采用电化学方法将重氮盐接枝到 3C-SiC 电极表面，形成具有特定功能的对硝基苯基层[34]。这种官能团化的 SiC 电极可以与 DNA 分子形成化学键连接，从而实现对 DNA 分子的检测。SiC 表面接枝及固定 DNA 的过程，如图 5-9 所示。

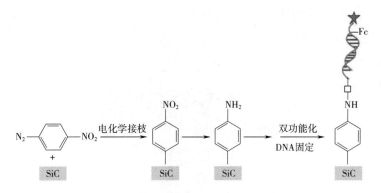

图 5-9　SiC 表面接枝及 DNA 固定[34]

　　从前面的介绍可以看出，SiC 作为传感材料具有一些明显的优势，如化学性质稳定，能够应用于严酷环境，表面可根据不同需要进行化学修饰等。另外，由于 SiC 具有非常好的生物兼容性，在生物医学领域的应用还有很多，例如，监测心肌活动、构造神经探针、作为基底生长骨细胞等[21]。目前关于 SiC 电化学传感器的研究，应该说还处于起步阶段，未来 SiC 在本领域的应用将越来越多。

5.2　燃料电池催化剂

　　燃料电池是一种把燃料中所含有的化学能直接转换成电能的化学装置，其中发生的化学反应为燃料电化学氧化和氧气还原，分别发生在电池的阳极和阴极。以直接甲醇燃料电池为例，它可以在氧气存在条件下将液体甲醇中的化学能直接转变为电能，转化过程中只产生二氧化碳和水，具有能量转换效率高、工作温度低、污染小等优点。其工作原理如图 5-10 所示。在阳极催化剂的作用下，1mol 甲醇分子在水溶液中被氧化生成 1mol 二氧化碳分子、6mol 电子和 6mol 质子 [反应式 (5-1)]，所产生的质子通过电解质膜传导至电池的正极，而电子则通过外电路传输到正极。氧气在阴极处被从外电路传输过来的电子所还原 [反应式 (5-2)]，同时与质子反应生成水。在整个电池反应过程中，甲醇氧化所释放出来的电子最终从负极经过外电路传递到正极，完成甲醇分子化学能到电能的转化。甲醇燃料电池中发生的总化学反应见反应式 (5-3)。

　　阳极 (anode) 反应：

$$CH_3OH + H_2O \longrightarrow CO_2 + 6H^+ + 6e^- \quad E = 0.046V \qquad (5\text{-}1)$$

　　阴极 (cathode) 反应：

$$3/2O_2 + 6H^+ + 6e^- \longrightarrow 3H_2O \quad E = 1.23V \qquad (5\text{-}2)$$

　　电池总反应：

$$CH_3OH + 3/2O_2 \longrightarrow CO_2 + 2H_2O \quad E = 1.18V \qquad (5\text{-}3)$$

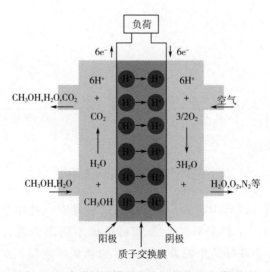

图 5-10　直接甲醇燃料电池的结构及工作原理

　　燃料电池中的燃料可以是甲醇、乙醇以及 H_2 等。在燃料电池中，无论是阳极发生的燃料氧化反应还是阴极发生的氧气还原反应，都需要在催化剂的作用下完成。目前常用的催化剂是 Pt/C 催化剂，它在使用过程中存在一些问题，如 Pt 容易中毒，碳载体氧化会发生结构塌陷等。因此，研究者正努力开发新型高效的燃料电池催化剂。

5.2.1　氧气还原催化剂

目前，燃料电池中氧气还原反应（ORR）的催化剂仍然以 Pt/C 催化剂为主。由于 ORR 是一个动力学上比较慢的过程，因此催化剂中 Pt 的含量一般较高，造成催化剂价格昂贵。另外，在高电位条件下碳载体自身容易被氧化，导致催化剂的稳定性变差。因此，高活性和高稳定性的催化剂一直是本领域研发的重点。

SiC 具有非常高的抗氧化性能，因而被用于 ORR 催化剂载体。印度学者 Rao 等人采用等离子体溅射方法制备了立方相的纳米 SiC 粉体，发现 Pt/SiC 具有和商业 Pt/C 相近的 ORR 性能[35]。牛俊杰等人以 SiC 纳米线为载体，制备了 Pt/SiC 催化剂，采用循环伏安法研究了其电化学性能[36]。催化剂中，SiC 纳米线的直径约 10～30nm，Pt 负载量为 50%（质量分数）时纳米颗粒直径约 5～7nm。在循环伏安曲线上，氢气吸/脱附的峰电位分别为 −0.157V 和 −0.03V，而且非常对称，说明催化剂对氢气吸/脱附具有良好的可逆性。同时，在电位为 0.57V 的地方出现了 ORR 的电流峰，说明 Pt/SiC 具有好的 ORR 性能。Dhiman 等人比较了 Pt/SiC 和商业 Pt/C 的 ORR 性能，发现 Pt/SiC 具有较高的电化学活性比表面积，而质量比活性相当[37]。在 0.9V 的电位下，对两种催化剂所测得的电子转移数都接近 4，Pt/SiC 稍高一些，说明两种催化剂上 ORR 动力学特征也相近，都遵循四电子机理。

为了改善 Pt/SiC 催化剂的导电性，木士春课题组将商业炭黑引入催化剂中形成 Pt/SiC/C 催化剂，发现引入炭黑可明显提高催化剂的稳定性[38]。研究者先采用液相还原制备了 Pt/SiC 催化剂，其中 SiC 载体为近似球形的纳米颗粒，平均直径约 40nm，Pt 负载量为 20%（质量分数），颗粒直径约 3nm（图 5-11）。SiC 载体在 1.2V 的电位下氧化处理 48h，循环伏安曲线几乎不发生变化，如图 5-12（a）所示。而商业炭黑（Vulcan X-72）载体，在同样条件下出现了明显的氧化电流，尤其是在 0.6V 附近，如图 5-12（b）所示。此结果表明，SiC 具有比商业炭黑更加优良的抗电化学氧化性能。在 SiC 中引入炭黑的 ORR 性能测试表明，Pt/SiC/C 具有

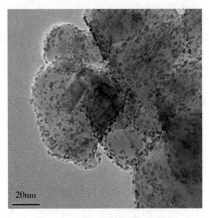

图 5-11　Pt/SiC 催化剂的
透射电镜照片[38]

和商业 Pt/C 催化剂相近的催化活性，但稳定性更好。韩国学者 You 等人将含碳前驱体通过气相渗透沉积到有序结构的介孔氧化硅中，再在惰性气氛下高温处理得到具有有序介孔结构的 C/SiC 复合物[39]。在这种复合物载体上负载 Pt 以后，发现其电化学表面积明显高于介孔碳负载的 Pt 催化剂，ORR 活性和稳定性都得到显著提高。

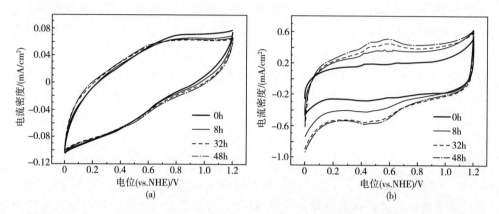

图 5-12   Pt/SiC（a）和 Pt/炭黑（b）在 0.5mol/L 硫酸溶液中的循环伏安曲线[38]

王艳辉课题组将商业 β-SiC 纳米粉在真空条件下加热到 1300℃，然后在 N₂ 气氛下降至室温，得到一种核壳结构的氮掺杂碳包裹的 SiC 纳米颗粒，其中无定形碳层厚度约 5nm[40]。这种氮掺杂 C/SiC 材料具有非常高的 ORR 活性和稳定性，经过 8000s 测试后活性仍能保持 93.2%，而同样条件下 Pt/C 催化剂［Pt 负载量为 20%（质量分数）］的活性已降低到 70.6%，如图 5-13 所示。经过分析圆盘电极及相应环电极上的电流值，计算每个氧气分子转移的电子数，发现在氮掺杂 C/SiC 上 ORR 为四电子机理，催化效率较高。同一课题组还采用真空退火 SiC 和 NiCl₂ 混合物的方法制备了类似结构的 C/SiC 复合物，研究了其 ORR 性能[41]。在这种方法中，NiCl₂ 高温分解产生金属镍和 Cl₂，后者与 SiC 表面的 Si 原子反应形成气相的 SiCl₄，同时在 SiC 表面留下碳层。该课题组还采用真空中加热 SiC 和 Ti 粉的方法，在 SiC 颗粒外面包裹一层金属 Ti，发现这种 Ti 包裹的 SiC 负载 Pt 以后，具有优异的 ORR 活性和稳定性[42]。

包信和课题组将 SiC 纳米颗粒在 CCl₄ 和 NH₃ 中高温处理，得到氮掺杂碳包裹的 SiC 材料（SiC@N-C），并以此为载体通过液相法负载 Fe 纳米颗粒，研究了其 ORR 性能[43]。经过高温处理以后，催化剂中的 Fe 纳米颗粒也被氮掺杂碳所包裹，形成核壳结构（Fe@N-C）。这种新颖结构的催化剂对 ORR 表现出较高的催化活性，起始电位明显向正方向偏移，电化学活性稳定，抗甲醇中毒性能良好。爱沙尼亚学者也制备了类似的复合物，研究了其 ORR 性能[44]。

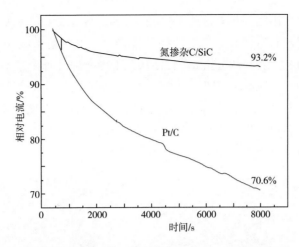

图 5-13 在 O₂ 饱和的 KOH 溶液 （0.1mol/L） 中，氮掺杂 C/SiC
和 Pt/C 催化氧气还原反应的电流-时间曲线[40]

SiC 和其他材料形成的复合物也被用作 ORR 催化剂的载体。西班牙学者采用商业化的 SiC 和 TiC 复合物（摩尔比为 90∶10）为载体，负载 Pt-Co 合金化的纳米颗粒作为活性组分，发现复合物为载体的催化剂，ORR 性能明显优于商业炭黑负载的 Pt-Co 催化剂[45]。

蒋青课题组通过密度泛函理论计算发现，层状 SiC 纳米片（1～3 层）表面的 Si—H 可以在 ORR 过程中快速与 O₂反应生成水，从而使 SiC 纳米片具有优异的 ORR 活性，且可以避免 CO 中毒。计算结果还表明，碱性环境下 SiC 纳米片比金属 Pt（111）晶面具有更高的催化活性，是一种新型的非 Pt 电催化 ORR 催化剂[46]。史彦涛课题组也报道，非常薄的 β-SiC 纳米片即使不负载任何金属，也具有 ORR 活性[47]。研究者将商业 SiC 粉体（50～170nm）超声处理以后，发现 SiC 颗粒尺寸减小到 20～80nm，同时从 SiC 颗粒上剥离下来一些非常薄的 SiC 片，厚度只有约 2nm。这种 SiC 纳米片在酸性和碱性溶液中都表现出了较高的 ORR 活性，每个氧气分子的电子转移数接近 4。和商业 Pt/C 催化剂相比，SiC 纳米片的起始电位只低 0.02V，但是抗甲醇毒化性能更好。

5.2.2 甲醇氧化催化剂

目前，甲醇氧化催化剂仍然以负载型贵金属催化剂为主，如 Pt、Pd 等。其中，载体材料直接影响贵金属的分散性、催化效率及稳定性。因此，研究和探索具有低成本、高比表面积、多孔结构、高稳定性的新型催化剂载体材料具有十分重要的意义。和碳载体相比，SiC 化学性质稳定，不容易发生氧化。同时，SiC 的半导体性质使它与贵金属纳米颗粒之间的相互作用比较特殊，可提高贵金属纳米颗粒的抗中毒能力以及团聚和流失问题，因而受到研究者的关注。

　　笔者课题组采用循环伏安法将 Pd 沉积到 SiC 纳米线上，发现 Pd/SiC 作为氧化甲醇的催化剂具有活性高、稳定性好的特点[48]。SiC 纳米线采用溶胶-凝胶结合碳热还原法制备，直径约 40nm，长度从几十微米到几百微米不等，Pd 纳米颗粒平均尺寸约 10～12nm，如图 5-14 所示。这种催化剂的电化学活性表面积约 50m²/g，远高于同样方法制备的 Pd/碳纳米管催化剂。在碱性介质中，Pd/SiC 的甲醇氧化活性和稳定性也明显高于 Pd/碳纳米管催化剂（Pd/CNTs）和 Pd 催化剂（直接在玻碳电极上沉积 Pd），如图 5-15 所示。

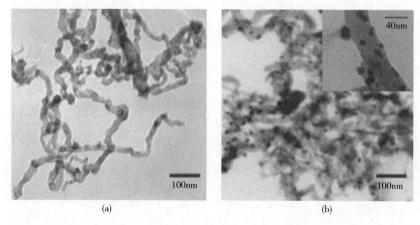

(a)   (b)

图 5-14　SiC 纳米线（a）和 Pd/SiC 纳米线催化剂（b）的透射电镜照片[48]

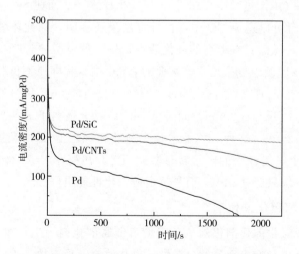

图 5-15　Pd/SiC 催化剂的甲醇氧化活性远高于 Pd/
碳纳米管（Pd/CNTs）和 Pd 催化剂[48]

　　陈国南课题组以比表面积为 20m²/g 的商业 SiC 粉为载体，采用 NaBH₄ 还原 PdCl₂ 的方法制备了 Pd/SiC 催化剂[49]。具体制备过程是，先将 37.5mg PdCl₂ 和

2.1mL 乙二胺四乙酸溶液（EDTA，浓度为 0.1mol/L）加入到 8mL 去离子水中，在超声条件下加入 90mg 的 SiC；然后向悬浮液中滴加 NaBH$_4$ 溶液，充分反应后过滤出沉淀物，洗涤后得到 Pd/SiC 催化剂。电镜照片表明，Pd 在 SiC 上分散均匀，颗粒大小约 5~7nm。在铁氰化钾（K$_3$［Fe（CN）$_6$］）溶液中，Pd/SiC 修饰的电极表现出了良好的氧化还原特性，阳极和阴极的峰电位分别为 0.292V 和 0.207V。在碱性介质中，Pd/SiC 电极氧化甲醇的峰电流密度和电位分别为 $-23mA/cm^2$ 和 $-0.17V$，氧化乙醇的峰电流密度和电位分别为 $-118mA/cm^2$ 和 $-0.20V$。这些工作表明，Pd/SiC 在碱性介质中具有较好的电化学氧化甲醇和乙醇的性能。

关于 Pt/SiC 电催化氧化甲醇的研究相对较多。牛俊杰等人在报道 SiC 纳米线的宏量制备方法时指出，负载在 SiC 纳米线上的 Pt 纳米颗粒具有良好的 ORR 和电化学甲醇氧化性能[36]。方莉等人以比表面积约 16m^2/g 的商业 SiC 为载体，负载了 5%（质量分数）的 Pt，研究了这种 Pt/SiC 催化剂对乙醇的电化学氧化性能[50]。和 Pt/C 催化剂相比，Pt/SiC 氧化电位更低，峰电流密度更大。乙醇在 Pt/C 和 Pt/SiC 催化时都是分两步氧化，先氧化成乙醛，然后进一步氧化成终端产物乙酸。

Dhiman 等人以商用炭黑作为模板合成出 SiC 纳米颗粒，电化学氧化甲醇研究表明，SiC 纳米颗粒负载的 Pt 催化剂比商用 Pt/C 催化剂具有更高的活性以及稳定性[51]。SiC 负载的 Pt 纳米颗粒，（110）和（111）晶面暴露的比例较高，而（100）晶面暴露比例较低；商用 Pt/C 则与之相反[37]。由于 Pt（110）和（111）晶面的电化学活性高于（100）晶面，因此 Pt/SiC 催化剂具有更高的催化活性。

笔者课题组采用循环伏安法将 Pt 沉积到高比表面积 SiC（比表面积约 76m^2/g），研究了 Pt/SiC 电催化氧化甲醇的性能[52,53]。为了比较，在同样条件下制备了 Pt/碳纳米管催化剂（Pt/CNTs），两种催化剂中 Pt 负载量分别为 $8.45\mu g/cm^2$ 和 $8.58\mu g/cm^2$，电化学活性面积分别为 88.9m^2/g 和 67.8m^2/g。Pt/SiC 催化剂较高的电化学活性面积说明 Pt 的分散度较高。透射电镜分析表明，Pt/SiC 和 Pt/CNTs 上，金属 Pt 纳米颗粒的平均尺寸分别为 2.9nm 和 3.4nm。在两种催化剂上，甲醇氧化的峰电位相近，都是 0.68V，但 Pt/SiC 催化剂中的氧化起峰电位向负移了 39mV 左右，说明甲醇在 Pt/SiC 催化剂上的氧化是一个快速的动力学过程，电化学反应的过电位较低。同时，甲醇在 Pt/SiC 催化剂上氧化电流密度为 8.52mA/cm^2，明显高于 Pt/CNTs 催化剂上的电流密度（5.55mA/cm^2）。另外，研究还发现 Pt/SiC 催化剂的抗 CO 中毒性能也明显高于 Pt/CNTs 催化剂。电化学溶出实验结果表明，CO 在 Pt/SiC 催化剂上的氧化起峰电位比 Pt/CNTs 负移了 51mV，峰电位负移了 67mV，说明高比表面积 SiC 作为载体显著地提高了 Pt 的 CO 氧化活性，从而使 Pt/SiC 催化剂具有更优异的抗 CO 中毒性能，如图 5-16 所示。Pt/SiC 较好的抗 CO 中毒性能跟 SiC 表面性质有关。由于 SiC 自身可以催化水分解在表面 Si 终端形成 Si—OH，后者在较低电位下可以将 CO 氧化，释放出 Pt 活性位，从而使催化剂表现出较好的活性和稳定性，如图 5-17 所示。笔者课题组还研究了硼掺杂 SiC 负载 Pt 催化剂的甲醇氧化性能，发现硼掺杂可明显降低 SiC 的阻抗。由于硼掺杂 SiC 载体对电荷迁移的阻力变小，因而甲醇氧化反应速率加快[54]。

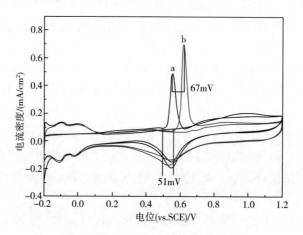

图 5-16　Pt/SiC（a）和 Pt/CNTs（b）催化剂在
H₂SO₄ 溶液中的 CO 溶出伏安曲线[52]

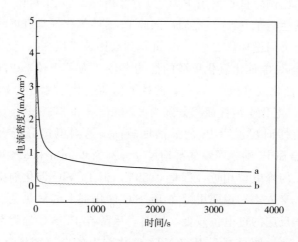

图 5-17　Pt/SiC（a）和 Pt/CNTs（b）催化剂的计时电流曲线[52]
（电位为 0.6V，溶液为 0.5mol/L H₂SO₄＋0.5mol/L CH₃OH）

为了改善 Pt/SiC 催化剂的性能，王艳辉课题组先采用高温真空蒸镀的方法在纳米 SiC 表面镀了一层金属钛，然后再负载上 Pt，作为甲醇氧化的催化剂[55]。

X射线衍射分析表明，750℃高温蒸镀后的SiC载体中含有Ti、TiC和Ti_5Si_3等物相，说明Ti蒸气和SiC发生了反应。SiC镀Ti以后，由于Ti和Pt之间的相互作用较强，可以明显提高Pt的分散度。由于钛物种的存在，载体的导电性得到显著提高，因而Pt-Ti/SiC催化剂的活性远高于Pt/SiC和Pt/C催化剂，如图5-18所示。Ti的作用除了提高载体导电性、促进Pt的分散以外，还对Pt纳米颗粒具有锚定作用，提高其稳定性。该课题组还采用真空退火的方法在纳米SiC颗粒外面形成一层碳质壳层，形成碳包裹SiC的结构（SiC@C），并制备了Pt/SiC@C催化剂，发现其甲醇氧化性能和ORR性能都得到很大程度的提高[56]。

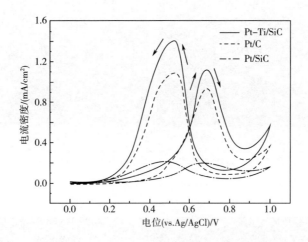

图5-18　Pt-Ti/SiC、Pt/C和Pt/SiC催化剂
的循环伏安曲线[55]

（扫描速率为50mV/s，溶液为0.5mol/L H_2SO_4＋1.0mol/L CH_3OH）

付宏刚课题组采用溶胶-凝胶过程制备SiC，碳热还原后得到的粗产品只用氢氟酸除去其中的氧化硅等，留下的未反应的多孔碳（porous carbon）与SiC形成复合物（SiC-PC）[57]。该课题组以这种复合物作为载体，研究了Pt/SiC-PC催化剂的甲醇氧化性能，发现催化剂的甲醇氧化活性远高于商业Pt/C催化剂。同一课题组还以椰壳和氧化硅为起始原料，制备了SiC和石墨状碳（graphitic carbon）的复合物（SiC/GC）。在复合物中，碳以纳米片的形式存在，直径约10～25nm的SiC颗粒均匀地分散在碳纳米片上。这种SiC/GC载体负载10%（质量分数）的Pt以后，甲醇氧化活性和抗CO中毒性能均优于商业20%（质量分数）负载量的Pt/C催化剂和30%（质量分数）负载量的Pt-Ru/C催化剂[58]。

贵金属催化剂催化活性高、稳定性好，但是高昂的贵金属成本限制了其广泛应用。笔者课题组用水热法在高比表面积SiC上生长出NiO纳米片，得到一种SiC和NiO纳米片的复合物（图5-19）。然后，用这种复合物作为催化剂裂解甲

烷，在复合物中再生长出碳纳米管（CNTs），得到一种具有三维多级结构的
CNT-Ni/SiC 复合物（图 5-20）。电化学研究表明，这种复合物的甲醇氧化活性
可以达到 10A/mg Ni，比生长碳纳米管前的 NiO/SiC 活性高约 4000 倍[59]。在这
种复合物中，将 NiO 用其他氧化物，如氧化钴、氧化铁等代替，也可能得到高
活性的非贵金属甲醇氧化催化剂。

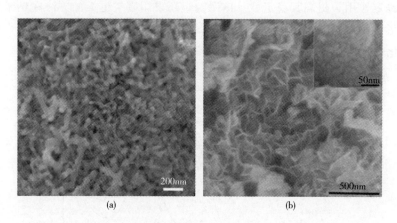

图 5-19   高比表面积 SiC（a）以及 SiC/NiO 纳米片
复合物（b）的扫描电镜图片[59]

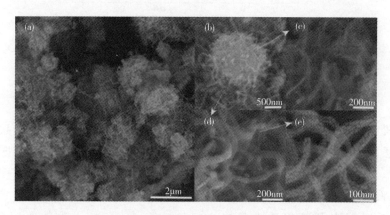

图 5-20   三维多级结构的 CNT-Ni/SiC 复合物的扫描电镜图片
（a）以及局部放大结果[（b）～（e）][59]

从前面的介绍可以看出，目前研究中用作燃料电池催化剂载体的 SiC 多种
多样，晶型上既有 α 型也有 β 型，形貌上有纳米线也有纳米颗粒，大部分 SiC
的比表面积都不高。因此，高比表面积 SiC 应用在燃料电池催化剂中的研究才
刚刚开始，越来越多的研究表明，SiC 是一种具有良好应用前景的电催化剂
材料[60,61]。

5.3　染料敏化太阳能电池

能源是现代社会发展的动力，目前全世界能源的 90％ 仍然由化石燃料提供。随着化石燃料的日益减少，太阳能的利用逐渐引起了人们的关注。实际上，地球上的所有生命自诞生以来就依靠太阳能而存在。据报道，太阳辐射到达地球表面的能量高达 3.0×10^{24} J，大约相当于人类每年消耗的全部能量的一万倍[62]。因此，如何高效率地利用太阳能成了世界各国不得不考虑的问题。太阳能电池是通过光电效应或者光化学效应直接把光能转化成电能的装置，前者称光伏电池，后者称光化学电池。在光伏电池中，太阳光照在半导体 P-N 结上，形成空穴-电子对。由于 P-N 结存在内建电场，空穴由 N 区流向 P 区，电子由 P 区流向 N 区，接通电路后就形成电流。

染料敏化太阳能电池属于光化学电池，主要由光阳极、电解液和对电极组成，如图 5-21 所示。光阳极由涂覆在导电基底上的多孔半导体薄膜组成，一般是染料敏化过的氧化钛。电解液中含有一对能够可逆地发生氧化和还原反应的物质，如 I_2 和 NaI。对电极通常由含 Pt 的催化剂组成。当太阳光照射到光阳极时，染料分子吸收光辐射能从基态跃迁到激发态，处于激发态的染料分子将电子注入到半导体的导带中。导带中电子通过扩散汇集到导电基底，然后进入外电路，经过负载后流到对电极。失去电子后处于氧化态的染料分子与电解液中处于还原态的电解质（如 I^-）发生氧化还原反应重新回到基态；而电解质则变成了氧化态（如 I_3^-）。氧化态电解质从对电极获得电子，重新回到还原态，完成一次循环。

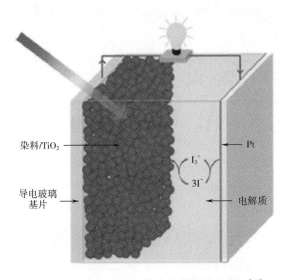

图 5-21　染料敏化太阳能电池结构的示意图[63]

有关染料敏化太阳能电池发展的历史，可以追溯到 100 多年前光化学的产生[63]。但是直到 1991 年，瑞士洛桑联邦理工学院 Grätzel 课题组的突破性工作发表以后，染料敏化太阳能电池才引起了人们的广泛关注[64]。

5.3.1　碳化硅光阳极

从染料敏化太阳能电池的工作原理可以看出，染料中的激发态电子要注入半导体导带、在半导体中扩散迁移，这些过程都发生在光阳极，因此光阳极的组成和结构与电池效率直接相关。组成光阳极的半导体材料首先要能吸附染料分子，其次它的导带要低于染料的最低未占据分子轨道的能级，这样染料的激发态电子才可能进入半导体导带。电子在进入外电路之前，还要在半导体中扩散一段距离，扩散过程中也可能与氧化钛染料或空穴发生复合。因此，半导体的电子传输性能至关重要。

为了抑制电子在半导体中的复合，人们采用了不同的方法，如在半导体中引入金属氧化物、其他半导体、纳米碳等形成复合物。其中，将具有不同能级的半导体进行复合，可以明显抑制电子复合。2012 年，我国台湾学者报道，3C-SiC（β-型）和 TiO$_2$ 形成的纳米复合物作为染料敏化太阳能电池的光阳极，可以促进电子从吸附态染料分子向工作电极的转移，抑制注入电子与染料阳离子或氧化还原对的复合[65]。当复合物中含有 0.04%（质量分数）的 3C-SiC 时，电池效率提高最明显。而在 TiO$_2$ 中复合 6H-SiC（α-型）时，电池效率则会降低。从图 5-22 可以看出，无光照时 3C-SiC[0.04%（质量分数）]/TiO$_2$ 复合物的阻抗在几种电极材料中最大 [图 5-22（b）]，而光照下该复合物的阻抗则最小 [图 5-22（a）]。这一结果表明，引入 3C-SiC 可以显著促进光生电子在 TiO$_2$ 中的迁移。

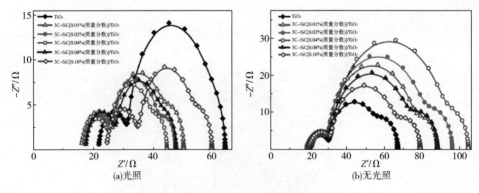

图 5-22　TiO$_2$ 和 3C-SiC/TiO$_2$ 复合物在光照（a）和
无光照（b）条件下的 Nyquist 曲线[65]

伊朗学者 Ahmad 将 β-SiC 的纳米粉与 TiO$_2$ 混合后作为光阳极，也发现光电转化效率得到了明显提高。作者认为，β-SiC 在电极中起散射层的作用，可以增加光在电极中传播的距离，从而使电极对光的有效吸收增加[66]。沙特阿拉伯学者 Gondal 报道，在 TiO₂ 中引入大比例的 6H-SiC（质量比超过 10%）也可以提高电极的光电转化效率[67]。

从这些报道可以看出，尽管对 SiC 在光阳极中的作用还有不同看法，但几个课题组都发现，在 TiO₂ 中引入 SiC 可以提高光阳极的光电转化效率。目前人们仅仅研究了 SiC 与 TiO₂ 的复合物，由于光阳极复合物中两种半导体的能带匹配非常重要，SiC 与其他半导体的复合也可能显示更加优异的光阳极性能。

5.3.2　碳化硅对电极

在染料敏化太阳能电池中，对电极同样发挥着十分重要的作用。一般认为，对电极的作用包括收集和传输电子、吸附并催化 I_3^- 的还原。因此，对电极也需要有高的电催化活性、电导率和稳定性。在染料敏化太阳能电池中，对电极常用 Pt。由于 Pt 价格昂贵，资源有限，因此减少电极中 Pt 的含量或者使用无 Pt 电极一直是人们研究的重点。

SiC 具有化学性质稳定、导电性良好的特性，作为多相催化剂载体已经受到广泛关注。因此，人们自然而然地想到将其用于染料敏化太阳能电池的对电极中。云斯宁等报道，10%（质量分数）的 Pt/SiC 作为染料敏化太阳能电池的对电极，催化活性与 Pt 对电极相当[68]。在这种催化剂中，SiC 为 β-晶型的纳米颗粒，直径约 30～50nm，Pt 颗粒大小为 3～5nm。从 SiC、Pt/SiC 和 Pt 电极的循环伏安曲线（图 5-23）可以看出，Pt/SiC 和 Pt 电极都出现了两对氧化还原峰，位置较负的峰是 I^-/I_3^- 的氧化还原峰，位置较正的峰是 I_2/I_3^- 的氧化还原峰。前者直接影响电池的性能，后者的影响则很小。循环伏安结果表明，少量的 Pt 就可以显著提高 SiC 的电催化性能，使其具有与 Pt 催化剂相当的催化活性。研究者还比较了不同制备方法得到的 Pt/SiC 催化剂，发现它们的能量转化效率都比较高，与 Pt 电极相当[69]。

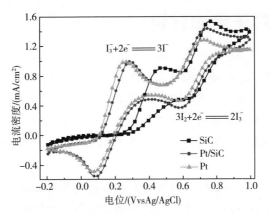

图 5-23　SiC、Pt/SiC 和 Pt 催化剂在 I^-/I_3^- 电解质溶液中的循环伏安结果[68]

蔡玉林等人发现，SiC 和一些导电聚合物形成的复合物，即使不含 Pt，作为染料敏化太阳能电池的对电极，催化活性也与 Pt 相当[70]。他们将聚（3,4-乙烯二氧噻吩）（PEDOT）、聚对苯乙烯磺酸盐（PSS）和纳米 SiC（SiC-NPs）按照一定比例制成复合物，其中 SiC 含量为 1%～5%。从 Tafel 极化曲线可以看出，含 5%SiC 纳米颗粒的复合物的催化活性与 Pt 催化剂非常接近，见图 5-24。研究者认为，复合物中的 SiC 是主要的电化学活性物质，对染料敏化太阳能电池中的 I^-/I_3^- 氧化/还原对具有非常敏感的电化学响应，聚噻吩则形成了 SiC 纳米颗粒间的电子转移通道。这种复合物成本低廉、容易规模化生产、光电转化效率高，非常有可能替代 Pt 催化剂。其他含有 SiC 的纳米复合物作为染料敏化太阳能电池的对电极，也具有较高的催化活性[71]。

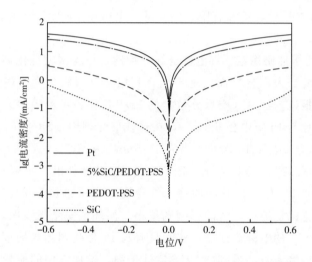

图 5-24   Pt、SiC 和 SiC 复合物的 Tafel 极化曲线[70]

5.4 锂离子电池材料

锂离子电池具有电池电压高、比容量大、能量密度高、无记忆效应、循环寿命长、环境友好等优点，是目前广泛应用的一种可充电电池，它主要依靠锂离子在正极和负极之间移动来工作，工作原理如图 5-25 所示。充电时，Li+ 从正极脱嵌，通过电解液嵌入负极，负极处于富锂状态，正极处于贫锂状态。同时，电子通过外电路从正极流向负极进行补偿。在放电过程中，Li+ 的迁移和上述充电过程正好相反。

目前，锂离子电池的正极材料为含锂化合物，如锰酸锂、钴酸锂等，负极材料为石墨或类石墨结构的碳。无论是正极还是负极，锂的嵌入和脱嵌都会使电极材料发生体积膨胀和收缩，而反复的体积变化会造成电极材料结构塌陷、性能变

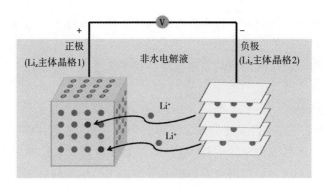

图 5-25　锂离子电池的工作原理

差。因此，发展锂容量大、结构稳定的电极材料一直是人们研究的热点。

　　碳材料是目前广泛应用的负极材料，因为锂可以在石墨层平面之间形成插层。理论上，插层结构可以形成 LiC，即一个碳原子结合一个锂离子，相应的比容量为 372mA·h/g。但是，在实验室中得到的插层结构上限为 LiC_3，即 3 个碳原子结合一个锂离子。如果用硅作负极材料，一个硅原子可结合更多的锂离子，例如形成 $Li_{22}Si_5$（$Li_{4.4}Si$），这种情况下的理论比容量可以达到 4200mA·h/g[72]。

　　为了提高碳基材料的比电容，人们很早就开展了将硅混入碳材料的研究。加拿大学者 Wilson 等人以苯和有机硅为前驱体，通过化学气相沉积法制备了含有高分散硅的碳材料，发现材料中硅含量为 11%（原子比）时，比电容可达约 500mA·h/g，远高于不含硅的碳材料（约 300mA·h/g）。当硅含量小于 6% 时，材料的比电容随硅含量线性增加。经分析，每个硅原子结合了大约 1.5 个锂原子[73]。由于硅和碳很难形成均匀、稳定的混合物，同一课题组又研究了碳、硅、氧化硅的混合物。他们将聚硅烷和聚硅氧烷等在 1000℃ 下加热，得到了一种含 Si—O—C 结构的无定形粉末，作为锂离子电池负极具有较高的比电容[74]。这种无定形 Si—O—C 陶瓷粉中一般都含有一定量的 SiC。目前，关于 Si—O—C 体系锂电性能的研究还在继续[75～79]。

　　硅的理论比电容虽然很高，但充放电过程中体积变化大，很容易造成电极结构的破坏。为了改善硅基负极材料的结构稳定性，人们想到了 SiC，利用 SiC 硬度高、密度轻、化学性质稳定的特点，将其作为分散硅的基底材料。Kim 等人采用机械研磨 Si 和 SiC 的方法制备了 Si-SiC 复合物，发现 Si∶SiC 的摩尔比为 1∶2 时，电池的比容量可达到约 370mA·h/g。高速研磨 C 和 Si 粉，也可以得到具有类似性能的 Si-SiC 复合物[80]。在这种复合物中，SiC 为直径约 10nm 的颗粒，与 Si 形成了比较均匀的混合物。张文军课题组利用微波等离子体化学气相沉积法在硅纳米线外面包覆石墨烯，发现这种材料作为负极时循环稳定性明显提高，原因之一可能是化学气相沉积过程中形成了大量的 SiC 纳米颗粒[81]。这些 SiC 纳米颗粒镶嵌在硅纳米线中，作为刚性骨架保持了硅纳米线的机械强度，提高了材料在充放电过程中的稳定性。美国学者 Chen 等人先在氧化硅纳米颗粒外面涂覆一层碳质聚合物，然后采用镁热还原方法制备了中空结构的 Si—SiC—C 复合物，研究了其充放电性能[82]。在这种复合物中，Si 和 C 分别位于壳层的最内层和最外层，夹在两层中间的是 SiC 层。多孔的 SiC 和 C 提供了离子和电解质进入颗粒内部与 Si 接触的通道。高强度的 SiC 层不仅限制了 Si 充电时只能向内部发生体积膨胀，还有利于形成稳定的固体-电解质界面相。因此，这种复合物表现了优异的充放电性能。沙健课题组先在碳纸上生长出 SiC 纳米线，然后通过化学气相沉积法在 SiC 纳米线外面包覆一层多晶硅，形成具有核壳结构的 SiC@Si 纳米线（图 5-26）。研究发现，这种 SiC@Si 纳米线在锂离子电池充放电过程中表现出良好的稳定性[83]。Ngo 等人报道，Si@SiC（SiC 为壳层）作为锂离子电池负极材料也具有非常好的性能，其中 SiC 的作用主要是稳定 Si 活性相以及增加电极的导电性[84]。最近的研究表明，微米尺寸的 Si/SiC 复合物作为锂离子电池负极材料也具有较好的充放电性能[85,86]。

　　SiC 与 Sn 或者 SnO_2 形成的复合物，作为锂离子电池负极材料也具有较好的性能。这是因为锡和锂也能形成金属间化合物，如 $Li_{4.4}Sn$。曹余良课题组通过机械研磨锡粉、SiC 纳米颗粒和石墨粉，得到一种三明治结构的 SiC@Sn@C 复合物，其中 Sn 被夹在 SiC 颗粒和 C 层之间，如图 5-27 所示。这种复合物作为锂离子电池负极材料，锂容量可达约 600mA·h/g，循环 100 次以后还能保持约 90%的锂容量[87]。该课题组还采用类似方法制备了石墨烯包覆的 SnO_2-SiC 纳米颗粒，研究了其在锂离子电池充放电过程中的循环稳定性[88]。

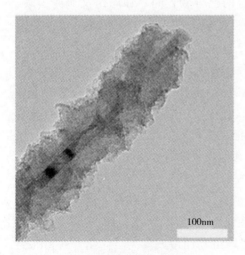

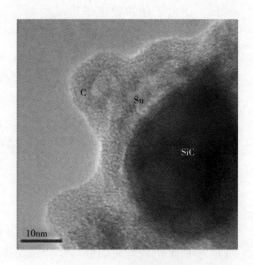

图 5-26　多晶硅包覆　　　　　　　图 5-27　三明治结构的
　　的 SiC 纳米线[83]　　　　　　　SiC—Sn—C 纳米颗粒[87]

在前面介绍的工作中，SiC 都是作为一种电化学惰性的材料充填在锂离子电池负极材料中，作为支撑和稳定电极材料（C、Si、Sn 等）的基底，或者是增加电极材料的导电性。实际上，SiC 材料本身也具有良好的锂离子电池充放电性能。

SiC 是一种具有层状结构的材料，每一层由 CSi_4 或 SiC_4 四面体结构单元组成。在 SiC 中，Si—C 键长 1.89Å（$1Å=10^{-10}$ m），相邻两个 C 或两个 Si 原子间距离约 3.08Å。图 5-28 是 3C-SiC 结构的示意图，可以看出，SiC 晶格中的空隙能够允许体积较小的原子在其中扩散[89]。

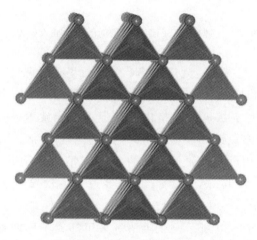

图 5-28　由四面体结构单元排列形成的 3C-SiC[89]

实际上，关于锂在 SiC 中扩散的工作很早就有人进行了研究[90]。1985 年，Goncharov 等人研究了高温（1500～2500K）下锂在 SiC 中的扩散，发现扩散活化能为 1.7eV，扩散系数 $D_0 > 10^{-3}$ cm^2/s。Linnarsson 等人进一步研究了温度范围在 673～973K 时锂在 SiC 中的扩散，发现 973K 退火可以显著增强锂的扩散。这些研究认为，锂可能结合在 SiC 晶格中的缺陷位点。德国学者 Virdis 等人的研究表明，在 200～823K 的温度范围内，锂可以在 SiC 的四面体间隙中稳定存在，不改变 SiC 的晶体结构，如图 5-29 所示[90]。2010 年，瑞典学者 Virojanadara 等人报道，锂原子可以穿透 SiC 表面外延生长的石墨烯，与 SiC 表面的 Si 形成 Si—Li 化学键[91]。

前面这些结果表明，SiC 具有储锂的功能，有可能用于锂离子电池的负极材料。但是，当时研究者的关注点在于对 SiC 这种宽禁带半导体进行快速均匀掺杂，以发展基于 SiC 的高性能电子器件。

2012 年，Lipson 等人报道，SiC 经过适当的表面处理以后，能够表现出很高的锂离子存储性能，是一种潜在的锂离子电池负极材料[92]。研究人员发

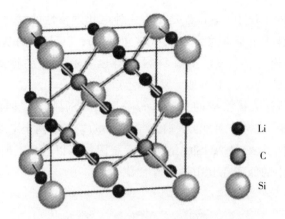

图 5-29　锂在 SiC 四面体结构间隙中的插入位置[90]

现，在 1350℃经过超高真空处理使 SiC 表面石墨化并除去 SiC 表面的氧化层以后，6H-SiC（0001）表面的电化学嵌锂容量可提高一个数量级。在嵌锂过程中，锂会穿透 SiC 表层进入晶格内部，但不会导致 SiC 晶格或表面结构的明显变化，因此可避免锂嵌入和脱出时的体积剧烈变化。随后，Kumari 等人报道，通过化学气相沉积法制备出来的 3C-SiC 纳米颗粒作为锂离子电池负极材料，比电容可达 1200mA·h/g，而且经过 200 次循环实验后仍然非常稳定[89]。商品 SiC 纳米颗粒也表现出稳定的充放电性能，但比电容稍低，约 500mA·h/g，如图 5-30 所示。张洪涛等采用等离子体增强化学气相沉积法制备了纳米晶的 4H-SiC 薄膜，将其作为锂离子电池的负极材料，发现薄膜电极在充放电过程中非常稳定。其中，150nm 厚的 SiC 薄膜的 C/10 电流放电可以保持 309mA·h/g 的放电容量，同时嵌锂形成的 Li_4C 层可有效提高电池性能[93]。

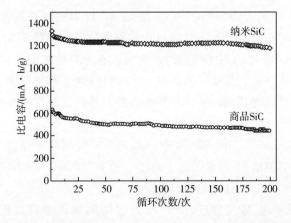

图 5-30　纳米 SiC 和商品 SiC 的循环充放电性能比较[89]

2015 年，日本学者 Sakai 和 Oshiyama 通过第一性原理计算，研究了锂插入对 3C-SiC 电子和结构性质的影响，发现 SiC 中插入的锂原子可将自身电子贡献给 SiC 导带，从而改变其能带结构[94]。另外，SiC 中的原子空位非常有利于锂的插入。他们的工作从理论上证明，3C-SiC 是一种非常具有应用前景的锂离子电池负极材料。目前，关于 SiC 锂离子电池负极材料的研究正逐渐展开。不同课题组采用不同的方法，制备出各种各样纳米结构的 SiC 或 SiC 复合材料，测试其作为锂离子电池负极材料的活性和稳定性[95~100]。

简单回顾一下就可以发现，SiC 在锂离子电池负极材料中的应用是从作为支撑和分散碳或硅活性组分的基底材料开始的。那时候，人们只是想到利用 SiC 的机械强度高、化学惰性强和导电性好的优点，改善电极材料的稳定性，没有人认为 SiC 具有嵌锂和脱锂的活性。尽管半导体物理学家早就对锂在 SiC 中的嵌入和扩散进行了比较深入的研究，但是由于学科之间缺乏交叉，这些结果并未引起电池材料专家的注意。直到 2012 年，SiC 才被认为是一种具有嵌锂和脱锂活性的电极活性材料。因此，SiC 应用于锂离子电池负极材料的研究才刚刚开始。可以预想，高比表面积 SiC 具有丰富的孔道结构，有利于锂离子和电解质的进出，如果再复合一些高导电性的材料，将是一种非常有希望获得实际应用的负极材料。

5.5　超级电容器材料

电容器是电子设备中广泛使用的一种电子元件，通常由两个相隔很近但又互相绝缘的导体组成。超级电容器，也称为电化学电容器，是介于传统电容器和可充电电池之间的一种新型能量存储装置，具有容量大、能量密度高、循环稳定性好等特点。超级电容器一般分为两类：双电层电容器和赝电容器。对于双电层电容器来说，充放电过程中电解液中的离子只在电极材料表面发生物理吸附和脱附，常用的电极材料为多孔碳材料，包括活性炭、气凝胶和碳纳米材料等。赝电容器，也称法拉第准电容器，主要依靠在活性材料表面发生快速可逆的氧化还原反应来进行充放电，电极材料常用一些过渡金属氧化物，如 RuO_2、NiO、Co_3O_4、MnO_2 等，以及导电的聚合物。这两类电极材料都存在稳定性差的问题，碳材料容易发生氧化，过渡金属氧化物容易发生颗粒团聚。因此，改善电极材料的稳定性、提高其活性，一直是本领域的研究重点。

双电层电容器的电极材料一般为多孔碳材料，通常由有机前驱体热分解得到。这种方法制备的活性炭，颗粒大小难以控制，孔道不规则，孔尺寸分布较宽（0.3~4nm），而且孔口往往较小，不利于电解质离子的传输[101]。为了研究电解质离子在电极材料孔道中的扩散规律，人们想到了碳化物衍生的骨架碳材料。这种碳材料的颗粒大小和孔道尺寸控制起来相对容易。Portet 等人首先将 SiC 衍生碳用于双电层电容器的电极材料，研究碳颗粒大小对电化学性能的影响[102]。他们以 20nm 到 20μm 之间的 β-SiC 颗粒为原料，通过高温氯气处理得到 SiC 衍生的多孔碳，其中 6μm 以上的 SiC 颗粒经过氯气高温处理后仍然有 SiC 内核。研究者测量了一系列 SiC 衍生碳的双电层电容器性能，发现在不同温度下氯气处理得到的多孔碳，质量比电容都随颗粒增大而减小。研究者认为，小颗粒内部的孔道长度较短，电解质离子穿过孔道接触到电极所需要的时间较短。Korenblit 等人先由介孔氧化硅制备成介孔碳化硅，然后再用氯气处理得到 SiC 衍生的多孔碳，发现这种碳在有机电解质中的比电容可达到 170F/g，几乎是普通 SiC 衍生碳的两倍。关于 SiC 衍生碳电容器性能的研究，目前仍然有许多课题组在做[103~107]。这些报道中，大多数都没有关注 SiC 对比电容的贡献，只有少数工作比较了 SiC 衍生碳和 SiC 的性能[103]。

赝电容器的电极材料一般为过渡金属氧化物，依靠在氧化物表面上发生的氧化还原反应进行充放电。NiO 是一种常用的电极材料，其理论比电容达 2584F/g。但是，实际结果往往比理论值低很多，原因是多方面的，包括电化学活性表面积低、电导性差等。因此，将 NiO 制备成高分散的纳米颗粒，并与导电性材料形成复合物，有可能提高其电容量、改善其稳定性。笔者课题组谢松等人通过水热法将 NiO 纳米颗粒均匀负载到锯齿状 SiC 纳米线载体上，然后以此 NiO/SiC 复合物为催化剂裂解甲烷，得到一种 C-Ni/SiC 纳米材料[108]。将这种复合物作为超级电容器的电极材料，在电流密度为 8.7A/g 时比电容达 1780F/g，经过 2500 次的充放电循环后，其活性依然能保持 96% 以上（图 5-31）。沙健课题组先在碳纤维布上涂覆上镍，然后生长 SiC 纳米线，再用

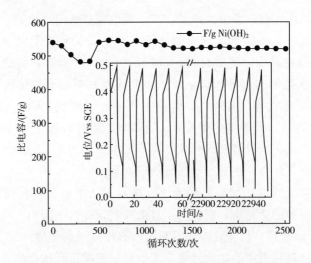

图 5-31   C-Ni/SiC 复合物电极材料的循环稳定性[108]

阴极电化学沉积法在 SiC 纳米线外面包覆一层 Ni（OH）$_2$ 作为电极活性物质，这种复合物的比电容达 1724F/g（电流密度为 2A/g）[109]。孟阿兰课题组采用化学气相沉积法先在碳布上制备出 SiC 纳米线，然后用水热法再在 SiC 上生长出多孔的 NiCo$_2$O$_4$/NiO 纳米片，发现这种复合物的比电容达 1801F/g（电流密度为 1mA/cm^2）[110]。Kim 等人报道，SiC/MnO$_2$、SiC/MgCo$_2$O$_4$ 等复合物也具有优异的电容器性能[111,112]。在这些研究中，SiC 只是作为分散和稳定电化学活性物质的基体才受到关注。

　　实际上，SiC 本身也可以作为超级电容器的活性电极材料。我们知道，碳基电容器材料一般是疏水的，在水性电解质中性能较差。为了发展亲水性电极材料，人们研究了硅电极材料，发现硅材料在水性电解质中容易发生腐蚀。Alper 等人发现，采用多晶 SiC 对 Si 纳米线进行包覆可显著提高电极的稳定性，SiC 包覆 Si 纳米线的比电容约 1.7mF/cm^2，经过 1000 次充放电循环后仍然保持稳定[113]。随后，该课题组采用化学气相沉积法在 SiC 薄膜表面生长出 SiC 纳米线阵列，研究了其超级电容器性能[114]。研究发现，这种电极材料在水相体系中的比电容约 240μF/cm^2，与目前报道的碳基平面超级电容器性能相当。SiC 纳米线电极经过 2×10^5 次循环后，电容值依然可以保持初始值的 95% 左右，说明 SiC 纳米线电极具有良好的循环稳定性。该课题组还在石墨烯基底上生长了 SiC 纳米线阵列，并将这种纳米线阵列转移到电极表面，作为超级电容器活性材料，研究了比电容和充放电稳定性[115]。循环伏安实验结果表明（图 5-32），长在石墨烯上的 SiC 纳米线阵列（SiCNW/G），其电流-电压关系呈现出几乎理想的矩形形状；而在 SiO$_2$ 基底上的 SiC 纳米线（SiCNW/SiO$_2$），其电流-电压关系为扭曲的矩形。

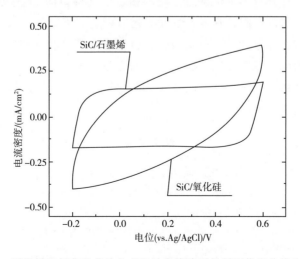

图 5-32　石墨烯和氧化硅基片上 SiC 纳米线阵列的循环伏安曲线比较[115]

　　沙健课题组也报道，化学气相沉积法在碳纤维布上生长的 SiC 纳米线也具有较好的超级电容器性能[116]。室温下，这种复合物电极在 50mV/s 的扫描速率下可获得高达 23mF/cm² 的面积比电容，且比电容随着电解液温度的升高而增加，这是因为温度升高时离子扩散阻抗会降低。由于 SiC 纳米线以及碳纤维布都具有很好的结构稳定性，因此不论是在室温还是在 60℃时，该电极材料都表现出了较好的循环稳定性，经过 10^5 次的循环后电容值降低很少。陈建军课题组通过碳热还原法在石墨纸表面生长出由 SiC 纳米线组成的薄膜，该复合材料在电流密度分别为 0.2A/cm²、0.3A/cm²、0.5A/cm² 和 2.0A/cm² 条件下，可释放出 25.6mF/cm²、37mF/cm²、28mF/cm² 和 28mF/cm² 的高比电容，且可达到 100% 的充放电效率[117]。

　　Kim 等人采用气凝胶喷雾干燥等方法，制备了三维结构、同时具有微孔和中孔的 SiC 微球，发现这种 SiC 微球作为双电层电容器材料，具有优异的活性[118,119]。在 1mol/L 的 Na_2SO_4 溶液中，扫描速率为 5mV/s 时，材料的比电容为 253.7F/g。SiC 微球较高的比电容，与其具有的多种尺寸的孔道结构有关，其中微孔提供了较高的活性表面，而中空则提供了离子快速传输的通道。同一课题组还以废弃 Si 片为原料，通过一步碳化法制备了具有微孔和中孔多级孔结构的 SiC 片[120]。这种 SiC 为 β 型，比表面积高达 1376m²/g，在水性 KCl 溶液中比电容为 203.7F/g（扫描速率 5mV/s）。

　　最近，关于 SiC 用于超级电容器材料的研究还在不断展开[121]。这些结果表明，高比表面积、具有合适孔道结构的 β-SiC 是一种潜在的超级电容器电极材料。

　　SiC 材料由于具有导电性良好、化学性质稳定、生物兼容性好等特点，在电化学的诸多领域都表现出了优越的性能。和碳基材料相比，SiC 在电化学领域的研究和应用仍然非常有限，其电化学性能还需要进一步提高。从已有的研究结果来看，比表面积、导电性、孔道结构和表面稳定性等因素对 SiC 的电化学性能有较大的影响。因此，发展高比表面积 SiC 的宏量制备方法，SiC 表面官能团可控修饰，晶格掺杂提高其导电性，以及将 SiC 和其他纳米材料进行复合等，是未来可以深入开展的研究方向。

参考文献

[1]Hume D N,Kolthoff.The silicon carbide electrode.J Am Chem Soc,1941,63:2805-2806.

[2]Honji A,Mori T,Hishinuma Y,Kurita K.Platinum supported on silicon carbide as fuel cell electrocatalyst. J Electrochem Soc,1988,135:917-918.

[3]Meier F,Giolando D M,Kirchhoff.Silicon carbide:a new electrode material for voltammetric measurements.Chem Commun,1996(22):2253-2254.

[4]Yang N J,Zhuang H,Hoffmann R,Smirnov W,Hees J,Jiang X,Neble C E.Electrochemistry of nanocrys-

talline 3C silicon carbide films.Chem Eur J,2012,18:6514-6519.

[5]Bourenane K,Keffous A,Nezzal G,Bourenane A,Boukennous Y,Boukezzata A.Influence of thickness and porous structure of SiC layers on the electrical properties of Pt/SiC-pSi and Pd/SiC-pSi Schottky diodes for gas sensing purposes.Sensor Actuat B Chem,2008,129:612-620.

[6]Keffous A,Gabouze N,Cheriet A,Belkacem Y,Boukezzata A.Investigation of porous silicon carbide as a new material for environmental and optoelectronic applications.Appl Surf Sci,2010,256:5629-5639.

[7]Kim K S,Chung G S.Characterization of porous cubic silicon carbide deposited with Pd and Pt nanoparticles as a hydrogen sensor.Sensor Actuat B Chem,2011,157:482-487.

[8]Keffous A,Cheriet A,Hadjersi T,Boukennous Y,Gabouze N,Boukezzata A,Belkacem Y,Kechouane M,Kerdja T,Menari H,Berouaken M,Talbi L,Ouadah Y.40 A platinum-porous SiC gas sensor:Investigation sensing properties of H_2 gas.Physica B,2013,408:193-197.

[9]Boukezzata A,Keffous A,Nezzal G,Gabouze N,Kechouane M,Zaafane K,Hammouda A,Simon P,Menari H.Investigationproperties of Au-porous α-$Si_{0.7}C_{0.3}$ as humidity sensor.Sensor Actuat B Chem,2013,176:1183-1190.

[10]Daves W,Krauss A,Häublein V,Bauer A J,Frey L.Structural and reliability analysis of Ohmic contacts to SiC with a stable protective coating for harsh environment applications.ECS J Solid State Sci Technol,2012,1(1):23-29.

[11]Kaushik P D,Ivanov I G,Lin P C,Kaur G,Eriksson J,Lakshmi G B V S,Avasthi D K,Gupta V,Aziz A,Siddiqui A M,Syväjärvi M,Yazdi G R.Surface functionalization of epitaxial graphene on SiC by ion irradiation for gas sensing application.Appl Surf Sci,2017,403:707-716.

[12]Zhuang H,Wang C,Huang N,Jiang X.Cubic SiC for trace heavy metal ion analysis.Electrochem Commun,2014,41:5-7.

[13]柏林洋,宋金海,冯刚.亚硝酸盐检测方法的研究进展.广州化工,2011,39(13):31-33.

[14]Salimi A,Kurd M,Teymourian H,Hallaj R.Highly sensitive electrocatalytic detection of nitrite base on SiC nanoparticles/amine terminated ionic liquid modified glassy carbon electrode integrated with flow injection analysis.Sensor Actuat B Chem,2014,205:136-142.

[15]Dong H,Fang Z,Yang T,Yu Y G,Wang D H,Chou K C,Hou X M.Single crystalline 3C-SiC whiskers used for electrochemical detection of nitrite under neutral condition.Ionics,2016,22:1493-1500.

[16]Yang T,Zhang L Q,Hou X M,Chen J H,Chou K C.Bare and boron-doped cubic silicon carbide nanowires for electrochemical detection of nitrite sensitively.Sci Reps,2016,6:24872.

[17]Hu M S,Kuo C C,Wu C T,Chen C W,Ang P K,Loh K P,Chen K H,Chen L C.The production of SiC nanowalls sheathed with a few layers of strained graphene and their use in heterogeneous catalysis and sensing applications.Carbon,2011,49:4911-4919.

[18]Yang L,Zhao H,Fan S M,Li B C,Li C P.A highly sensitive electrochemical sensor for simultaneous determination of hydroquinone and bisphenol A based on the ultrafine Pd nanoparticle@TiO_2 functionalized SiC.Analytica Chimica Acta,2014,852:28-36.

[19]Wu S L,Fan S M,Tan S,Wang J Q,Li C P.A new strategy for the sensitive electrochemical determination of nitrophenol isomers using b-cycldextrin derivative-functionalized silicon carbide.RSC Adv,2018,8:775-784.

[20]Khare N G,Dar R A,Srivastava A K.Adsorptive stripping voltammetry for trace determination of quinalphos employing silicon carbide nanoparticles modified glassy carbon electrode.Electroanalysis,2015,27:

503-509.

[21]Oliveros A,Guiseppi-Elie A,Saddow S E.Silicon carbide:a versatile material for biosensor applications.Biomed Microdevices,2013,15:353-368.

[22]Yang L,Zhao H,Li C P,Fan S M,Li C B.Dual b-cyclodextrin functionalized Au@SiC nanohybrids for the electrochemical determination of tadalafil in the presence of acetonitrile.Biosens Bioelectron,2015,64:126-130.

[23]Roushani M,Nezhadali A,Jalilian Z,Azadbakht A.Development of novel electrochemical sensor on the base of molecular imprinted polymer decorated on SiC nanoparticles modified glassy carbon electrode for selective determination of loratadine.Mater Sci Eng C,2017,71:1106-1114.

[24]Norouzi P,Pirali-Hamedani M,Ganjali M R.Candesartan cilexetil determination by electrode modified with hybrid film of ionic liquid-graphene nanosheets-silicon carbide nanoparticles using continuous coulometric FFT cyclic voltammetry.Int J Electrochem Sci,2013,8:2023-2033.

[25]Yang P,Tong X L,Wang G Z,Gao Z,Guo X Y,Qin Y.NiO/SiC nanocomposite prepared by atomic layer deposition used as a novel electrocatalyst for nonenzymatic glucose sensing.ACS Appl Mater Interfaces,2015,7:4772-4777.

[26]Singh S,Buchanan R C.SiC-C fiber electrode for biological sensing.Mater Sci Eng C,2007,27:551-557.

[27]Wu W C,Chang H W,Tsai Y C.Electrocatalytic detection of dopamine in the presence of ascorbic acid and uric acid at silicon carbide coated electrodes.Chem Commun,2011,47:6458-6460.

[28]Zhuang H,Yang N J,Zhang L,Fuchs R,Jiang X.Electrochemical properties and applications of nanocrystalline,microcrystalline,and epitaxial cubic silicon carbide films.ACS Appl Mater Interfaces,2015,7:10886-10895.

[29]Ye H Z,Xu H F,Xu X Q,Zheng C S,Li X H,Wang L L,Liu X X,Chen G N.An electrochemiluminescence sensor for adrenaline assay based on the tyrosinase/SiC/chitosan modified electrode.Chem Commun,2013,49:7070-7072.

[30]Salimi A,Mohamadi L,Hallaj R,Soltanian S.Electrooxidation of insulin at silicon carbide nanoparticles modified glassy carbon electrode.Electrochem Commun,2009,11:1116-1119.

[31]Rafiee-Pour H,Noorbakhsh A,Salimi A,Ghourchian H.Sensitive superoxide biosensor based on silicon carbide nanoparticles.Electroanalysis,2010,22(14):1599-1606.

[32]Yang L,Zhao H,Fan S M,Deng S S,Lv Q,Lin J,Li C P.Label-free electrochemical immunosensor based on gold-silicon carbide nanocomposites for sensitive detection of human chorionic gonadotrophin.Biosens Bioelectron,2014,57:199-206.

[33]Ghavami R,Salimi A,Navaee A.SiC nanoparticles-modified glassy carbon electrodes for simultaneous determination of purine and pyrimidine DNA bases.Biosens Bioelectron,2011,26:3864-3869.

[34]Yang N J,Zhuang H,Hoffmann R,Smirnov W,Hees J,Jiang X,Nebel C E.Nanocrystalline 3C-SiC electrode for biosensing applications.Anal Chem,2011,83:5827-5830.

[35]Rao C V,Singh S K,Viswanathan B.Electrochemical performance of nano-SiC prepared in thermal plasma.Indian J Chem Section A,2008,47(11):1619-1625.

[36]Niu J J,Wang J N.Synthesis of macroscopic SiC nanowires at the gram level and their electrochemical activity with Pt loadings.Acta Mater,2009,57:3084-3090.

[37]Dhiman R,Stamatin S N,Anderson S M,Morgen P,Skou E M.Oxygen reduction and methanol oxidation behavior of SiC based Pt nanocatalysts for proton exchange membrane fuel cells.J Mater Chem A,2013,

1:15509-15516.

[38]Lv H F,Mu S C,Cheng N C,Pan M.Nano-silicon carbide supported catalysts for PEM fuel cells with high electrochemical stability and improved performance by addition of carbon.Appl Catal B:Envir,2010,100: 190-196.

[39]You D J,Jin X,Kim J H,Jin S A,Lee S,Choi K H,Baek W J,Pak C,Kim J M.Development of stable electrochemical catalysts using ordered mesoporous carbon/silicon carbide nanocomposites. Int J Hydrogen Energy,2015,40:12352-12361.

[40]Pan H,Zang J B,Dong L,Li X H,Wang Y H,Wang Y J.Synthesis of shell/core structural nitrogen-doped carbon/silicon carbide and its electrochemical properties as a cathode catalysy for fuel cells.Electrochem Commun,2013,37:40-44.

[41]Pan H,Zang J B,Li X H,Wang Y H.One-pot synthesis of shell/core structural N-doped carbide-derived carbon/SiC particles as electrcatalysts for oxygen reduction reaction.Carbon,2014,69:630-633.

[42]Zhang Y,Zang J B,Dong L,Cheng X Z,Zhao Y L,Wang Y H.A Ti-coated nano-SiC supported platinum electrocatalyst for improved activity and durability in direct methanol fuel cells.J Mater Chem A,2014,2: 10146-10153.

[43]Li J Y,Wang J,Gao D F,Li X Y,Miao S,Wang G X,Bao X H.Silicon carbide-supported iron nanoparticles encapsulated in nitrogen-doped carbon for oxygen reduction reaction.Catal Sci Technol, 2016,6:2949-2954.

[44]Kasatkin P E,Jäger R,Härk E,Teppor P,Tallo I,Joost U,Šmits K,Kanarbik R,Lust E.Fe-N/C catalysts for oxygen reduction based on silicon carbide derived carbon.Electrochem Commun,2017,80: 33-38.

[45]Millán M,Zamora H,Rodrigo M A,Lobato J.Enhancement of electrode stability using platinum-cobalt nanocrystals on a novel composite SiCTiC support.ACS Appl Mater Interfaces,2017,9:5927-5936.

[46]Zhang P,Xiao B B,Hou X L,Zhu Y F,Jiang Q.Layered SiC sheets:a potential catalyst for oxygen reduction reaction.Sci Rep,2014,4:3821.

[47]Guo J H,Song K Y,Wu B B,Zhu X,Zhang B L,Shi Y T.Atomically thin SiC nanoparticles obtained via ultrasonic treatment to realize enhanced catalytic activity for the oxygen reduction reaction in both alkaline and acidic media.RSC Adv,2017,7:22875-22881.

[48]Tong X L,Dong L L,Jin G Q,Wang Y Y,Guo X Y.Electrocatalytic performance of Pd nanoparticles supported on SiC nanowires for methanol oxidation in alkaline media.Fuel Cells,2011,11(6):907-910.

[49]Dai H,Chen Y L,Lin Y Y,Xu G F,Yang C P,Tong Y J,Guo L H,Chen G N.A new metal electrocatalysts supported matrix:Palladium nanoparticles supported silicon carbide nanoparticles and its application for alcohol electrooxidation.Electrochimica Acta,2012,85:644-649.

[50]Fang L,Huang X P,Vidal-Iglesias F J,Liou Y P,Wang X L.Preparation,characterization and catalytic performance of a novel Pt/SiC.Electrochem Commu,2011,13:1309-1312.

[51]Dhiman R,Johnson E,Skou E M,Morgen P,Andersen S M.SiC nanocrystals as Pt catalyst supports for fuel cell applications.J Mater Chem A,2013,1:6030-6036.

[52]董莉莉.碳化硅基直接醇类燃料电池催化剂的研究.北京:中国科学院大学,2014.

[53]Dong L L,Tong X L,Wang Y Y,Guo X N,Jin G Q,Guo X Y.Promoting performance and CO tolerance of Pt nanocatalyst for direct methanol fuel cells by supporting on high-surface-area silicon carbide.J Solid State Electrochem,2014,18:929-934.

[54]董莉莉,童希立,王英勇,靳国强,郭向云.硼掺杂碳化硅负载 Pt 催化剂的甲醇电催化氧化性能.燃料化学学报,2014,42(7):845-850.

[55]Zhang Y,Zang J B,Dong L,Cheng X Z,Zhao Y L,Wang Y H.A Ti-coated nano-SiC supported platinum electrocatalyst for improved activity and durability in direct methanol fuel cells.J Mater Chem A,2014,2:10146-10153.

[56]Zang J B,Dong L,Jia Y D,Pan H,Gao Z Z,Wang Y H.Core-shell structured SiC@C supported platinum electrocatalysts for direct methanol fuel cells.Appl Catal B:Environ,2014,144:166-173.

[57]Jiang L M,Fu H G,Wang L,Zhou W,Jiang B J,Wang R H.Pt loaded onto silicon carbide/porous carbon hybrids as an electrocatalyst in the methanol oxidation reaction.RSC Adv,2014,4:51272-51279.

[58]Wang L,Zhao L,Yu P,Tian C G,Sun F F,Feng H,Zhou W,Wang J Q,Fu H G.Silica direct evaporation:a size-controlled approach to SiC/carbon nanosheet composites as Pt catalyst supports for superior methanol electrooxidation.J Mater Chem A,2015,1:24139-24147.

[59]Xie S,Tong X L,Jin G Q,Guo X Y.CNT-Ni/SiC hierarchical nanostructures:preparation and their application in electrocatalytic oxidation of methanol.J Mater Chem A,2013,1:2014-2019.

[60]Stamatin S N,Speder J,Dhiman R,Arenz M,Skou E M.Electrochemical stability and postmortem studies of Pt/SiC catalysts for polymer electrolyte membrane fuel cells.ACS Appl Mater Interfaces,2015,7:6153-6161.

[61]Andersen S M,Larsen M J.Performance of the electrode based on silicon carbide supported platinum catalyst for proton exchange membrane fuel cells.J Electroanal Chem,2017,791:175-184.

[62]Kitano M,Hara M.Heterogeneous photocatalytic cleavage of water.J Mater Chem,2010,20:627-641.

[63]Thomas S,Deepak T G,Anjusree G S,Arun T A,Nair S V,Nair A S.A review on counter electrode materials in dye-sensitized solar cells.J Mater Chem A,2014,2:4474-4490.

[64]O'Regan B,Grätzel M.A low-cost,high-efficiency solar cell based on dye-sensitized colloidal TiO₂ films.Nature,1991,353:737-740.

[65]Lai Y C,Tsai Y C.An efficient 3C-silicon carbide/titania nanocomposite photoelectrode for dye-sensitized solar cell.Chem Commu,2012,48:6696-6698.

[66]Ahmad Z.The use of silicon carbide as scattering layer in dye sensitized solar cell (DSSC).J Ovonic Res,2014,10(4):109-113.

[67]Gondal M A,Ilyas A M,Baig U.Facile synthesis of silicon carbide-titanium dioxide semiconducting nanocomposite using pulsed laser ablation technique and its performance in photovoltaic dye sensitized solar cell and photocatalytic water purification.Appl Surf Sci,2016,378:8-14.

[68]Yun S N,Wang L,Zhao C Y,Wang Y X,Ma T L.A new type of low-cost counter electrode catalyst based on platinum nanoparticles loaded onto silicon carbide (Pt/SiC) for dye-sensitized solar cells.Phys Chem Chem Phys,2013,15:4286-4290.

[69]Yun S N,Hagfeldt A,Ma T L.Superior catalytic activity of sub-5 mm-thick Pt/SiC films as counter electrodes for dye-sensitized solar cells.ChemCatChem,2014,6:1584-1588.

[70]Tsai Y L,Li C T,Huang T Y,Lee C T,Lin C Y,Chu C W,Vittal R,Ho K C.Electrocatalytic SiC nanoparticles/PEDOT:PSS composite thin films as the counter electrodes of dye-sensitized solar cells.ChemElectroChem,2014,1:1031-1039.

[71]Zhong J,Peng Y,Zhou M Y,Zhao J,Liang S Q,Wang H T,Cheng Y B.Facile synthesis of nanoporous TiC-SiC-C composites as a novel counter-electrode for dye sensitized solar cells.Micropor Mesopor Mater,

2014,190:309-315.

[72]Feng K,Li M,Liu W W,Kashkooli A G,Xiao X C,Cai M,Chen Z W.Silicon-based anodes for lithium-ion batteries:from fundamentals to practical applications.Small,2018,14:1702737.

[73]Wilson A M,Dahn J R.Lithium insertion in carbons containing nanodispersed silicon.J Electrochem Soc,1995,142(2):326-332.

[74]Wilson A M,Zank G,Eguchi K,Xing W,Dahn J R.Pyrolysed silicon-containing polymers as high capacity anodes for lithium-ion batteries.J Power Sources,1997,68:195-200.

[75]Fukui H,Ohsuka H,Hino T,Kanamura K.Influence of polystyrene/phenyl substituents in precursors on microstructures of Si—O—C composite anodes for lithium-ion batteries.J Power Sources,2011,196:371-378.

[76]Dibandjo P,Graczyk-Zajac M,Riedel R,Pradeep V S,Sorarù G D.Lithium insertion into dense and porous carbon-rich polymer-derived SiOC ceramics.J Eur Ceram Soc,2012,32:2495-2503.

[77]Fukui H,Eguchi K,Ohsuka H,Hino T,Kanamura K.Structures and lithium storage performance of Si—O—C composite materials depending on pyrolysis temperatures.J Power Sources,2013,243:152-158.

[78]Wilamowska-Zawlocka M,Puczkarski P,Grabowska Z,Kaspar J,Graczyk-Zajac M,Riedel R,Sorarù G D.Silicon oxycarbide ceramics as anodes for lithium ion batteries:influence of carbon content on lithium storage capacity.RSC Adv,2016,6:104597-104607.

[79]Tolosa A,Wildmaier M,Krüner B,Griffin J M,Presser V.Continuous silicon oxycarbide fiber mats with tin nanoparticles as a high capacity anode for lithiumion batteries.Sustainable Energy Fuels,2018,2:215-228.

[80]Kim I S,Blomgren G E,Kumta P N.Si-SiC nanocomposite anodes synthesized using high-energy mechanical milling.J Power Sources,2004,130:275-280.

[81]Yang Y,Ren J G,Wang X,Chui Y S,Wu Q H,Chen X F,Zhang W J.Graphene encapsulated and SiC reinforced silicon nanowires as an anode material for lithium ion batteries.Nanoscale,2013,5:8689-8694.

[82]Wen Z H,Lu G H,Cui S M,Kim H,Ci S Q,Jiang J W,Hurley P T,Chen J H.Rational design of carbon network cross-linked Si-SiC hollow nanosphere as anode of lithium-ion batteries.Nanoscale,2014,6:342-351.

[83]Wang W,Wang Y W,Gu L,Lu R,Qian H L,Peng X S,Sha J.SiC@Si coreeshell nanowires on carbon paper as a hybrid anode for lithium-ion batteries.J Power Sources,2015,293:492-497.

[84]Ngo D T,Le H T T,Pham X M,Park C N,Park C J.Facile synthesis of Si@SiC composite as an anode material for lithium-ion batteries.ACS Appl Mater Intefaces,2017,9:32790-32800.

[85]Chen B H,Chang C C,Duh J G.Carbon-assisted technique to modify the surface of recycled silicon/silicon carbide composite for lithium-ion batteries.Energy Technol,2017,5(8):1415-1422.

[86]Chen B H,Chuang S I,Liu W R,Duh J G.A revival of waste:atmospheric pressure nitrogen plasma jet enhanced jumbo silicon/silicon carbide composite in lithium ion batteries.ACS Appl Mater Interfaces,2015,7:28166-28176.

[87]Chen Z X,Cao Y L,Qian J F,Ai X P,Yang H X.Facile synthesis and stable lithium storage performances of Sn-sandwiched nanoparticles as a high capacity anode material for rechargeable Li batteries.J Mater Chem,2010,20:7266-7271.

[88]Chen Z X,Zhou M,Cao Y L,Ai X P,Yang H X,Liu J.In situ generation of few-layer graphene coatings on SnO$_2$-SiC core-shell nanoparticles for high-performance lithium-ion storage.Adv Energy Mater,2012,

2:95-102.

[89]Kumari T S D,Jeyakumar D,Kumar T P.Nano silicon carbide:a new lithium-insertion anode material on the horizon.RSC Adv,2013,3:15028-15034.

[90]Virdis S,Vetter U,Ronning C,Kroger H,Hofsass H,Dietrich.J Appl Phys,2002,91(3):1046-1052.

[91]Virojanadara C,Watcharinyanon S,Zakharov A A,Johansson1 L I.Epitaxial graphene on 6H-SiC and Li intercalation.Phys Rev B,2010,82(20):205402.

[92]Lipson A L,Chattopadhyay S,Karmel H J,Fister T T,Emery J D,Dravid V P,Thackeray M M,Fenter P A,Bedzyk M J,Hersam M C.Enhanced lithiation of doped 6H silicon carbide (0001) via high temperature vacuum growth of epitaxial graphene.J Phys Chem C,2012,116:20949-20957.

[93]Zhang H T,Xu H.Nanocrystalline silicon carbide thin film electrodes for lithium-ion batteries.Solid State Ionics,2014,263:23-26.

[94] Sakai Y, Oshiyama A. Electron doping through lithium intercalation to interstitial channels in tetrahedrally bonded SiC.J Appl Phys,2015,118:175704.

[95]Li H W,Yu H J,Zhang X F,Guo G N,Hu J H,Dong A G,Yang D.Bowl-like 3C-SiC nanoshells encapsulated in hollow graphitic carbon spheres for high-rate lithium-ion batteries. Chem Mater, 2016, 28: 1179-1186.

[96]Hu Y W,Liu X S,Zhang X P,Wan N,Pan D,Li X J,Bai Y,Zhang W F.Bead-curtain shaped SiC@SiO_2 core-shell nanowires with superior electrochemical properties for lithium-ion batteries.Electrochim Acta, 2016,190:33-39.

[97]Shi W M,Lu C,Yang S Q,Deng J G.Comput Theor Chem,2017,1115:169-174.

[98]Bijoy T K,Karthikeyan J,Murugan P.Exploring the mechanism of spontaneous and lithium-assisted graphitic phase formation in SiC nanocrystallites of a high capacity Li-ion battery anode.J Phys Chem C, 2017,121:15106-15113.

[99]Shao C Z,Zhang F,Sun H Y,Li B Z,Li Y,Yang Y G.SiC/C composite mesoporous nanotubes as anode material for high-performance lithium-ion batteries.Mater Lett,2017,205:245-248.

[100]Huang X D,Zhang F,Gan X F,Huang Q A,Yang J Z,Lai P T,Tang W M.Electrochemical characteristics of amorphous silicon carbide film as a lithium-ion battery anode.RSC Adv,2018,8:5189-5196.

[101]Portet C,Yushin G,Gogotsi Y.Effect of carbon particle size on electrochemical performance of EDLC.J Electrochem Soc,2008,155(7):A531-A536.

[102]Portet C,Yushin G,Gogotsi Y.Effect of carbon particle size on electrochemical performance of EDLC.J Electrochem Soc,2008,155(7):A531-A536.

[103]Liu F,Gutes A,Laboriante L,Carraro C,Maboudian R.Graphitization of n-type polycrystalline silicon carbide for on-chip supercapacitor application.Appl Phys Lett,2011,99:112104.

[104]Kim M,Kim J.Redox deposition of birnessite-type manganese oxide on silicon carbide microspheres for use as supercapacitor electrodes.ACS Appl Mater Interfaces,2014,6:9036-9045.

[105]Meier A,Weinberger M,Pinkert K,Oschatz M,Paasch S,Giebeler L,Althues H,Brunner E,Eckert J, Kaskel S.Silicon oxycarbide-derived carbons from a polyphenylsilsequioxane precursor for supercapacitor applications.Micropor Mesopor Mater,2014,188:140-148.

[106]Fiset E,Bae J S,Rufford T E,Bhatia S,Lu G Q,Hulicova-Jurcakova D.Effects of structural properties of silicon carbide-derived carbons on their electrochemical double-layer capacitance in aqueous and organic electrolytes.J Solid State Electrochem,2014,18:703-711.

[107]Zheng K,Zou X L,Xie X L,Lu C Y,Li S S,Lu X G.Electrosynthesis of SiC derived porous carbon nanospheres for supercapacitors.Mater Lett,2018,216:265-268.

[108]Xie S,Guo X N,Jin G Q,Tong X L,Wang Y Y,Guo X Y.In situ grafted carbon on sawtooth-like SiC supported Ni for high-performance supercapacitor electrodes.Chem Commun,2014,50:228-230.

[109]Gu L,Wang Y W,Lu R,Wang W,Peng X S,Sha J.Silicon carbide nanowires@Ni(OH)$_2$ coreeshell structures on carbon fabric for supercapacitor electrodes with excellent rate capability.J Power Sources, 2015,273:479-485.

[110]Zhao J,Li Z J,Zhang M,Meng A L,Li Q D.Direct growth of ultrathin NiCo$_2$O$_4$/NiO nanosheets on SiC nanowires as a free-standing advanced electrode for high performance asymmetric supercapacitors.ACS Sustainable Chem Eng,2016,4:3598-3608.

[111]Kim M,Yoo Y,Kim J.Synthesis of microsphere silicon carbide/nanoneedle manganese oxide composites and their electrochemical properties as supercapacitors.J Power Sources,2014,265:214-222.

[112]Kim M,Kim J.Redox active KI solid-state electrolyte for battery-like electrochemical capacitive energy storage based on MgCo$_2$O$_4$ nanoneedles on porous β-polytype silicon carbide.Electrochim Acta,2018, 260:921-931.

[113]Alper J P,Kim M S,Vincent M,Hsia B,Radmilovic V,Carraro C,Maboudian R.Silicon carbide nanowires as highly robust electrodes for microsupercapacitors.J Power Sources,2013,230:298-302.

[114]Alper J P,Vincent M,Carraro C,Maboudian R.Silicon carbide coated silicon nanowires as robust electrode material for aqueous micro-supercapacitor.Appl Phys Lett,2012,100:163901.

[115]Alper J P,Gutes A,Carraro C,Maboudian R.Semiconductor nanowires directly grown on graphene towards wafer scale transferable nanowire arrays with improved electrical contact.Nanoscale,2013,5: 4114-4118.

[116]Gu L,Wang Y W,Fang Y J,Lu R,Sha J.Performance characteristics of supercapacitor electrodes made of silicon carbide nanowires grown on carbon fabric.J Power Sources,2013,243:638-653.

[117]Chen J J,Zhang J D,Wang M M,Gao L,Li Y.SiC nanowire film grown on the surface of graphite paper and its electrochemical performance.J Alloy Compd,2014,605:168-172.

[118]Kim M,Oh I,Kim J.Superior electric double layer capacitors using micro- and mesoporous silicon carbide sphere.J Mater Chem A,2015,3:3944-3951.

[119]Kim M,Oh I,Kim J.Hierarchical porous silicon carbide with controlled micropores and mesopores for electric double layer capacitors.J Power Sources,2015,282:277-285.

[120]Kim M,Oh I,Kim J.Hierarchical micro & mesoporous silicon carbide flakes for high performance electrochemical capacitive energy storage.J Power Sources,2016,307:715-723.

[121]Sanger A,Kumar A,Jain P K,Mishra Y K,Chandra R.Silicon carbide nanocauliflowers for symmetric supercapacitor devices.Ind Eng Chem Res,2016,55:9452-9458.

第**6**章

高比表面积碳化硅吸波材料

　　吸波材料，一般由吸收剂和基体材料组成，能够吸收投射到它表面的电磁波的能量，从而大幅度减少电磁波反射。它属于功能材料的一类，能将电磁能转化为热能或电能而消耗掉，或者使电磁波因干涉而相互抵消。

　　在日常生活中，吸波材料的应用非常广泛。电磁波的发现和利用，给人们的生活带来了极大的方便，但同时也带来了一些问题。在机场，飞机可能会受到电磁波影响而无法正常起飞；在医院，移动电话等通信设备可能会影响一些电子诊疗仪器的正常工作[1]。这些领域都要用吸波材料屏蔽造成干扰的电磁波。在军事领域，吸波材料主要用于武器装备的隐身。我们知道，雷达发射电磁波对目标进行照射并接收其回波，可以发现远距离处的飞机、导弹等武器装备和军事设施。为了保护军事设施，提高武器装备的生存、突防，尤其是纵深打击能力，世界各国都在研究和发展隐身技术。实现隐身的技术途径主要有两条：一是通过巧妙的外形设计来降低电磁波的散射截面；二是运用吸波材料吸收入射的电磁波。其中，电磁波吸收材料是武器装备使用的主要隐身手段。

　　当电磁波入射到介质表面时，一部分电磁波会被介质表面直接反射回大气；一部分将会透过表面入射到介质内部，与介质发生相互作用后被吸收；还有一部分带有剩余能量的电磁波将会透过介质层。一般的介质都是由带正、负电荷的粒子所组成。当电磁波入射到介质内部时，介质内部的带电粒子将会在外场的作用下发生状态变化。这种介质对外场的响应，在宏观上表现为介质的极化、磁化和传导，其响应的程度可由介电常数、磁导率和电导率的大小来反映。理论上，任何介质在电磁场的作用下，都会不同程度地表现出以上三种响应。对于磁介质，主要表现为磁化；对于电介质，主要表现为极化；而对于导体，主要表现为电荷的定向移动。无论是极化、磁化还是传导都会消耗入射电磁波的能量，这也是材料吸收电磁波的基本原理[2]。

吸波材料，按照其损耗电磁波的机制，又可以分为电阻型、电介质型和磁介质型三大类。SiC 是一种电介质型吸波材料，主要通过介质极化、弛豫损耗等过程吸收电磁波。作为吸波材料，SiC 具有一些明显的优势。例如，SiC 机械强度和硬度高，可提高吸波材料的强度和耐磨性能，能够承受高速强气流的冲刷；SiC 热稳定性和化学稳定性好，可应用于高温和强腐蚀性等苛刻环境；SiC 与氧化物及金属材料间良好的相容性，有利于与金属或氧化物形成结构稳定的复合型吸波材料。另外，SiC 的电阻率可通过掺杂等进行调控，进而提高其吸波性能、拓宽其频带范围；SiC 密度较低，作为吸波材料不会显著降低武器装备的有效负荷。同时，SiC 吸收剂还能抑制发动机尾管的红外特征，具有良好的红外隐身兼容性。因此，SiC 是目前最有前途的耐高温吸波材料之一，也是国内外研究和使用最广泛的耐高温吸波材料。

高比表面积 SiC 与普通 SiC 相比，最大的特点是比表面积高（一般大于 $30m^2/g$），位于表面的原子数量多。表面原子通常含有一个或几个未成键电子，这些电子容易吸收电磁波的能量，并在 SiC 材料的界面产生极化现象，从而使电磁波的能量得到迅速衰减。高比表面积 SiC 的另一个特征是在颗粒中存在丰富的孔道结构，这些不规则的孔道在电磁场中更容易发生界面极化。另外，多孔 SiC 颗粒内部的不规则孔道能够使电磁波发生多次散射，从而增加对电磁波的吸收效率。这些结构特征为高比表面积 SiC 高效吸收电磁波提供了新的吸波通道。从理论上讲，高比表面积 SiC 是一种性能更加优异的耐高温吸波材料。

用于吸波材料的 SiC 主要有连续 SiC 纤维和高比表面积 SiC 粉体。有关连续 SiC 纤维吸波材料的工作，可参考有关文献[3,4]。本章主要介绍 SiC 粉体，包括各种纳米 SiC 粉体，在吸波材料方面的研究和应用进展。

6.1　材料吸收电磁波的机理

材料能够吸收和消耗电磁波能量，是因为构成材料的基本微粒——正、负电荷在电磁波的作用下，其分布状态发生了改变。对于不同性质的介质材料，这种分布状态的改变，表现为不同的形式。对导体而言，主要表现为电荷的定向移动；对磁性介质而言，主要表现为材料的磁化；对电介质而言，主要表现为极化。在电磁波作用下，材料内部带电荷的粒子进行周期性的定向移动（传导）、磁化和极化（其周期性与入射电磁波频率相关），同时将入射到材料内部的电磁波能量转化成其他形式的能量，从而达到吸收电磁波的目的。

吸波材料的吸波机理主要取决于材料的化学组成和微观结构，不同的化学组成和微观结构显示出不相同的吸波机理。通常，材料的吸波性能可以用材料宏观的介电常数和磁导率来评价。为了便于描述吸波材料的电磁特征，人们引入复介电常数（ε）和复磁导率（μ）两个特征变量，分别表示为：

$$\varepsilon = \varepsilon' - j\varepsilon'' \tag{6-1}$$

$$\mu = \mu' - j\mu'' \tag{6-2}$$

式中，ε' 和 μ' 分别为复介电常数和复磁导率的实部，它们与吸波材料在电磁波作用下产生的极化和磁化程度有关；ε'' 和 μ'' 分别为复介电常数和复磁导率的虚部，它们代表材料在电磁波作用下的介电损耗和磁损耗。由此可见，吸波材料的吸波性能主要取决于复介电常数和复磁导率的虚部 ε'' 和 μ''。

材料的介电损耗包含欧姆损耗和阻尼损耗两部分。其中，欧姆损耗与材料的导电性能有关（如导体中的电子、半导体中的载流子和溶液中的离子等），阻尼损耗主要与材料中电子和原子极化产生的弛豫作用有关。对于有德拜弛豫现象发生的材料，相对复介电常数的实部和虚部间存在如下关系[5]：

$$(\varepsilon' - \varepsilon_\infty)^2 + (\varepsilon'')^2 = (\varepsilon_s - \varepsilon_\infty)^2 \tag{6-3}$$

式中，ε_s 为静态介电常数；ε_∞ 为无限大频率处的介电常数。通过上式，将介电常数虚部对实部作图，则可以得到一段圆弧，通常称作 Cole-Cole 圆弧。

材料的介电性能除了用介电常数表征以外，还常用介电损耗角的正切值来表征，它可以表征每个周期内介质损耗的能量与其贮存能量之比。通常来讲，磁性材料的损耗主要由磁滞损耗、畴壁共振、涡流效应、自然共振和交换引起[6]。介电损耗角正切（$\tan\delta$），也称损耗因子，可以用下式表示[4]：

$$\tan\delta = \tan\delta_E + \tan\delta_M = \varepsilon''/\varepsilon' + \mu''/\mu' \tag{6-4}$$

式中，$\tan\delta_E$ 为材料的介电损耗角正切；$\tan\delta_M$ 为材料的磁损耗角正切。由此可见，材料的 ε'' 和 μ'' 值越大，相应的 $\tan\delta_E$ 和 $\tan\delta_M$ 值就越大，吸波性能越好。

然而，吸波材料要实现对电磁波的高效吸收，首先必须要让入射的电磁波最大限度地进入材料内部，减少材料表面的直接波反射。这就需要考虑材料的阻抗匹配特性。根据电磁波的传输线理论，电磁波从空间向材料垂直入射时的反射率可以表示为[2]：

$$R = (Z - Z_0)/(Z + Z_0) = (Z - 1)/(Z + 1) \tag{6-5}$$

式中，Z 为电磁波在吸收介质传输的阻抗；Z_0 为电磁波在自由空间传输的阻抗，$Z_0 = (\mu_0/\varepsilon_0)^{1/2}$。如果要使电磁波在材料表面的反射率 R 为零，则要满足阻抗匹配（$Z = Z_0$），也就是需要材料的复介电常数和复磁导率相等。而要实现对进入材料内部电磁波的高效吸收，即对入射的电磁波进行有效衰减，则需要材料的介电常数和磁导率尽可能的大。因此，要获得性能优良的吸波材料，必须综合考虑阻抗匹配和衰减匹配两种因素，这就需要对材料的介电常数、磁导率和厚度参数等进行优选。材料对入射电磁波的反射衰减值与吸收效率对应关系为 $R = 10\lg(1-X)$，其中 R 的单位为 dB，X 的单位为%。常见的 R 值与吸收效率的对应值见表 6-1。

表 6-1 常见的 R 值与吸收效率的对应值

R/dB	−1	−3	−5	−10	−20
吸收效率/%	20.60	49.88	68.38	90.00	99.00

总之，材料吸收电磁波的两个基本条件是：①电磁波入射到材料表面时，要最大限度地进入材料内部而不发生反射，即要求材料满足阻抗匹配；②进入材料内部的电磁波能迅速地全部衰减掉，即要求材料满足衰减匹配。

6.2 SiC 微粉的吸波性能

由于市场上较难得到高比表面积 SiC，早期关于 SiC 吸波性能的研究一般都采用商业 SiC 微粉。这些粉体中，SiC 颗粒的尺寸一般在微米或亚微米级，晶型有 α-型，也有 β-型。β-SiC 的禁带宽度较小（约 2.4eV），热激发产生的载流子浓度较高，高温下电导性好，因此作为吸波材料应用的主要是 β-SiC。

欧美日等很早就开展了 SiC 吸波材料的研究，并成功地将其用于武器装备的隐身[7]。法国 ADE 公司研制的 AlkardSC 陶瓷吸收体就是一种以 SiC 为主体的复合材料，最高使用温度达 1000℃。法国 SEP 公司制造的 C/SiC 复合材料喷瓣等已经用在 Rafel 战斗机和 Mirage 2000 战斗机的发动机上。但是，有关这些材料的详细信息很难得到。

朱新文等人将商业 SiC 微粉制成浆液，浸渍到有机泡沫上，然后经过挤压成型和高温煅烧，得到具有网眼结构的多孔 SiC 陶瓷[8]。这种材料中 SiC 颗粒很大，孔道尺寸也很大。作者研究了这种 SiC 网眼多孔陶瓷的微波吸收特性，发现多孔陶瓷比实心材料的吸波性能提高了两倍以上。材料吸波性能的改善主要来自网眼结构对电磁波的反射、散射及干涉作用引起的衰减[8]。通过比较几种网眼陶瓷的吸波性能，发现网眼尺寸减小有利于电磁波在网眼结构中的衰减。张劲松课题组采用类似的固相烧结工艺制备孔道结构规则的多孔 SiC 泡沫陶瓷（图 6-1），并采用数值模拟等方法研究了这种 SiC 泡沫陶瓷的微波吸收特性，发现 SiC 泡沫的导电性对其微波吸收性能有很大的影响（图 6-2）[9]。当 SiC 泡沫的电导率在

3S/m 左右时，具有最好的微波吸收性能。这些研究表明，多孔 SiC 是一种性能优良的吸波材料。

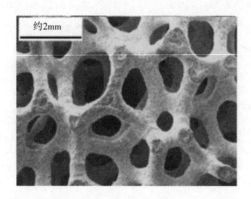

图 6-1   具有规则孔道结构的多孔 SiC 泡沫陶瓷[9]

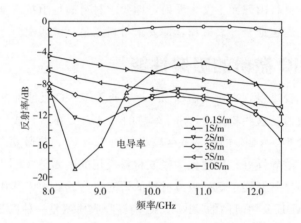

图 6-2   泡沫 SiC 电导率对吸波性能的影响[9]

日本学者将商业 SiC 粉（粒度约 $10\mu m$）与树脂混合，制备了一种具有周期性网络结构的光子晶体，研究了其微波吸收特性[10]。他们认为，SiC 的吸收特性和材料的周期性网络结构，两者共同作用使试样具有较高的微波吸收特性。

苏晓磊等人采用燃烧合成法制备了 β-SiC 以及铝、氮掺杂的 β-SiC 粉体，研究了其介电性能[11]。测试发现，在 X 波段（8.2～12.4GHz）范围内 β-SiC 粉体（粒度约 0.2～2μm）的介电常数（ε'）在 5.0 到 5.65 之间，损耗因子（$\tan\delta$）在 0.19 到 0.35 之间。经过掺杂以后，介电常数和损耗因子都会发生显著变化，因而可以通过掺杂对 SiC 的介电性能进行调控。

曹茂盛等人在 373～773K 的温度范围内考察了 β-SiC 微粉（粒度 0.5～5μm）的介电性质，发现在 X 波段复介电常数（ε）和损耗因子（$\tan\delta$）都随频率和温度的变化而变化[12]。通过测试 Cole-Cole 圆弧曲线，并结合第一性原理计算，研究者认为 SiC 是一种非常具有应用前景的高温吸波材料。

尹晓伟等人采用聚碳硅烷热解的方法制备了 SiC 多孔陶瓷[13]。这种陶瓷中除了 SiC 纳米晶以外，还含有游离的碳以及少量的氧和氮。当试样厚度为 2.75mm 时，在 8.2～12.4GHz 范围内平均反射率可达到－9.97dB。

关于 SiC 微粉吸波性能的研究还有很多。由于早期的文献很难得到，一般文献又不太关注历史，我们目前也很难判断究竟哪些课题组的工作开创或引导了 SiC 吸波性能的研究。

6.3　纳米 SiC 的吸波性能

纳米 SiC 是指颗粒尺寸在至少一个维度上小于100nm 的一种 SiC 材料。由于纳米 SiC 具有较高的比表面积，通常也划归高比表面积 SiC 范畴（比表面积＞ 30m^2/g）。SiC 晶体的电阻率约为 $10^6 \Omega \cdot cm$，吸波性能一般。当 SiC 颗粒尺寸减小到纳米尺度时，由于表面原子和不饱和悬键数量增多，界面极化现象加剧，从而导致其电磁性质发生显著变化。特别是当 SiC 颗粒小于 10nm 时，由于量子尺寸效应，SiC 的能级发生分裂，分裂后能级间隔位于微波能量范围内（$10^{-2} \sim 10^{-5}$eV），从而对电磁波的损耗能力显著提高。

张波等人采用碳热还原法制备了 α-SiC 和 β-SiC 纳米粉体，研究了它们在 8.2～12.4GHz 范围内的介电性质，发现在颗粒大小相近（约 20nm）的情况下， β-SiC 具有较高的相对介电常数（ε'，在 30 到 50 之间）和损耗因子（tanδ 约 0.7），因而具有较好的吸波性能[14]。研究者通过铝和氮掺杂，使 SiC 的电阻率降低到约 $10^2 \Omega \cdot cm$，但对其介电行为的影响似乎不明显。

笔者课题组孟帅博士曾采用不同前驱体制备了不同尺寸的 SiC 纳米颗粒，如图 6-3 所示[15]。从图中可以看出，两个样品都有较窄的粒径分布。图 6-3 （a） （SiC-a）中，颗粒尺寸介于 5～20nm 之间，主要分布在 8～15nm。图 6-3 （b） （SiC-b）中样品的粒径较大，分布范围也较宽，介于 20～80nm 之间，其中绝大多数介于 30～70nm。图 6-4 是 SiC-a 和 SiC-b 在不同厚度时的微波吸收谱图。从图中可以看出，在样品厚度为 0.5mm 和 1mm 时，SiC 颗粒的微波吸收能力很弱。当样品厚度增加到 1.5mm，SiC-a 的反射衰减在 16.3～18GHz 可达到－5dB （约 70％吸收），而 SiC-b 对电磁波的反射衰减仍然很弱。增大样品厚度至 3mm， SiC-a 在 8～12GHz 的反射衰减在－5dB 以上，有效带宽为 4GHz，其反射衰减的最大值为－8.8dB；样品厚度为 3mm 时，SiC-b 也有较大的反射衰减，在 10.7～ 14.1GHz 频率范围内，其反射衰减也在－5dB 以上，有效带宽为 3.4GHz，反射衰减的最大值为－6.77dB。可以看出，小颗粒的 SiC 具有较强的电磁波吸收能力。

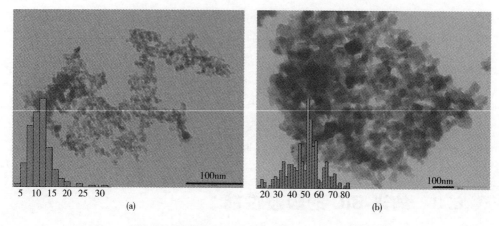

图 6-3　采用不同前驱体制备出来的不同尺寸的 SiC 纳米颗粒[15]

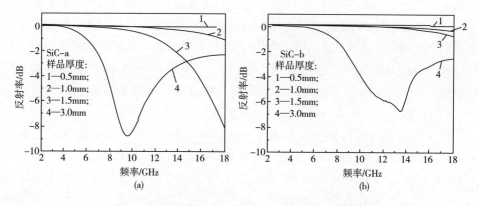

图 6-4　两种不同颗粒尺寸 SiC 的电磁波吸收性能[15]

笔者课题组还研究了 SiC 纳米线中孪晶等缺陷对吸波性能的影响[15]。采用溶胶-凝胶结合碳热还原方法，通过添加不同催化剂可制备表面平滑以及有孪晶缺陷的 SiC 纳米线。这些纳米线的直径在 200nm 左右，长度介于几微米至上百微米之间。从测试结果来看，孪晶纳米线的吸波性能明显优于平滑纳米线，如图 6-5 所示。

SiC 纳米线的长径比对其吸波性能也有明显影响。孟帅等人先在 SiC 纳米线上通过浸渍法沉积上氧化镍，然后在高温下使之和 SiC 反应形成硅化镍，再通过酸洗的方法除去硅化镍[16]。通过控制实验条件，可对 SiC 纳米线进行裁剪，调节纳米线的长径比。图 6-6 是对 SiC 纳米线进行裁剪过程的示意图。通过剪裁，可获得不同长径比的 SiC 纳米线。对长径比分别为 14~30、8~12 以及 4~12 的 SiC 纳米线的研究表明，长径比变化对吸波性能确实有很明显的影响。但是，也不是长径比越小，吸波性能就越佳。可能存在某一适当的长径比数值，具有此长径比的 SiC 纳米线对电磁波吸收效果最好。相关的研究还需要进一步深入。

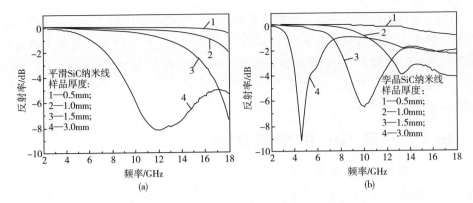

图 6-5　两种 SiC 纳米线的电磁波吸收性能[15]

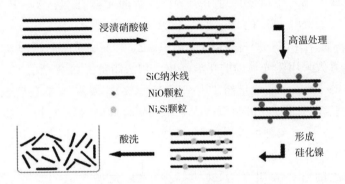

图 6-6　SiC 纳米线裁剪过程的示意图[16]

　　孟帅等人以废旧棉花为模板制备了具有中孔结构的 SiC 微米管[15]。这种微米管的长度介于几十微米至上百微米之间，直径在几微米到二十微米之间，其尺寸与棉花纤维的尺寸大致相当。微米管管壁主要由绒毛状 SiC 纳米线组成，厚度介于 0.5~2μm 之间。吸波性能测试表明，SiC 微米管最大反射衰减峰随着样品厚度的增加从 18GHz 移动到 6.8GHz。厚度为 0.5mm 时，样品对电磁波没有明显的吸收。当样品厚度分别为 1.0mm、1.5mm 时，反射衰减分别在 16~18GHz、10.9~12.6GHz 达到－10dB 以上。厚度为 1mm 时，样品在 17.5GHz 达到最大反射衰减值－23.9dB，如图 6-7 所示。

　　最近几年，关于纳米 SiC 吸波

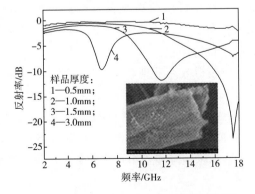

图 6-7　SiC 微米管及其电磁波吸收性能[15]

性能的研究越来越多。例如，肖鹏等人采用聚碳硅烷热解法制备富碳的 SiC 纳米颗粒，研究了其微波吸收性能[17]。魏剑等人采用化学气相沉积法制备了超长的 SiC 纳米线，发现环氧树脂中加入非常少量的这种纳米线 [0.05%（质量分数）]，微波吸收性能就会得到显著提高[18]。类似的报道还有很多，由于篇幅限制，在此不一一列举。

6.4 掺杂 SiC 的吸波性能

从上一节介绍可以看出，无论是 SiC 的微米粉体还是纳米粉体，其吸波性能都不能达到实用化的要求，通常需要对其进行掺杂改性，以提高其微波吸收性能。这里的掺杂，通常是指将少量的杂质元素通过化学或物理方法掺入 SiC 晶格中，使其电磁性能发生改变。可用于 SiC 掺杂的元素有 N、Al、B、P，以及过渡金属 Fe、Co、Ni、Ti 等。

SiC 是一种半导体，通过掺杂 N、Al 或 B，可将其介电性质改变为 n-型或 p-型。赵东林等人采用激光辅助的化学气相沉积法制备了 N 掺杂的 SiC 纳米粉，颗粒直径约 $20\sim30nm$，N 含量约 10%（质量分数），发现 N 掺杂后 SiC 的微波吸收性能得到显著提高[19]。苏晓磊等人采用燃烧合成法制备 Al 或 N 掺杂的 SiC 微粉，发现 Al 或 N 掺杂都可以提高 SiC 的微波吸收性能，但两者共掺杂却会降低 SiC 微粉的微波吸收性能[11,20]。

铃木等人的研究表明[21]，SiC 掺入 N 之后之所以电磁波吸收性能提高，是因为 SiC 晶格中的部分 C 原子被 N 原子取代。C 原子最外层有 4 个电子，正好与 4 个 Si 原子形成 4 个共价键，而 N 原子外层有 5 个电子，与 4 个 Si 原子键合后还多余一个电子不能形成化学键（图 6-8）。未成键的电子在电场的作用下会形成极化电流。由于未成键电子运动滞后于电场，存在极化弛豫现象，因此可增强对电磁波的吸收。和 N 元素处于同一主族的 Al 掺杂后，可能会形成类似的结构。

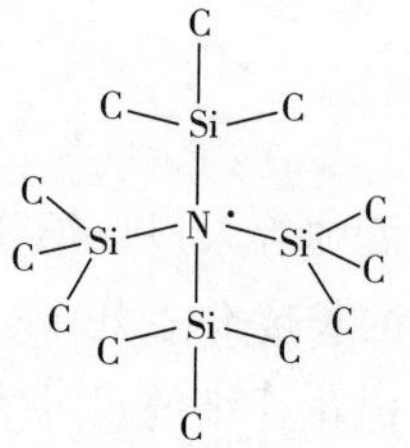

图 6-8 SiC 晶格中 C 原子被 N 取代后产生未成键电子[21]

侯新梅等人发现，SiC 掺杂硼以后微波吸收性能得到显著提高。未掺硼的 SiC，试样厚度从 1mm 增加到 3.5mm，最小反射率都没有小于 $-10dB$。掺入 3%（质量分数）的硼以后，1.5mm 厚的试样在 14GHz 反射衰减可达到 $-37.94dB$，如图 6-9 所示[22]。研究者认为，硼掺杂提高了 SiC 的电导率，再加上 SiC 纳米线互相交织形成的导电网络，从而使 SiC 纳米线具有优异的微波吸收性能。

在 SiC 制备过程中，经常会残留一些游离碳，这种游离碳对提高 SiC 的吸波

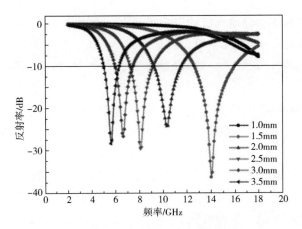

图 6-9　硼掺杂 SiC 纳米线的电磁波吸收性能[22]

性能往往具有正面作用。研究表明，SiC 中游离碳的含量及排列方式对复介电常数影响很大，是 SiC 材料介电损耗的主要贡献者。华南理工大学陈志彦等通过对比除碳前后 SiC 复介电常数的变化发现，除碳后复介电常数的实部下降不明显，但虚部会降到原来的 $1/10 \sim 1/60$，介电损耗降低明显[23]。因此，在 SiC 中掺入炭黑也是提高其吸波性能的常用方法。

过渡金属掺杂对提高 SiC 的微波吸收性能也很有效。例如，将金属 Ti、Zr 等引入 SiC，可调控其电导率，提高材料的介电损耗；而将金属 Fe、Co、Ni 等引入 SiC，除了提高介电损耗以外，还可以提高材料的磁损耗。

金海波等人通过高温反应制备了 Ni 掺杂的 SiC，研究了其微波吸收性能[24]。XRD 结果显示，掺 Ni［3%（质量分数）］后 SiC（111）晶面的衍射峰向高角度偏移，说明 Ni 掺杂使 SiC 晶格发生了一定程度的收缩。介电性能测试结果表明，在 $2 \sim 18$GHz 范围内，Ni 掺杂使得 SiC 的复介电常数的实部（ε'）和虚部（ε''），以及损耗因子（$\tan\delta$）都得到提高。研究者认为，Ni 可能取代了 SiC 晶格中的 Si 原子，形成了 Ni_{Si} 缺陷位，同时在 Ni_{Si} 缺陷位周围产生了大量的空穴，增加了 SiC 的导电性，从而使 SiC 具有更好的微波吸收性能。

丁绍楠等采用羰基 Co 和液态聚碳硅烷反应生成的 Co 溶胶与固态聚碳硅烷（PCS）混合后热解的方法制备了含 Co 的纳米 SiC 粉体，X 射线衍射分析表明，粉体中除了 SiC 外，还有 CoSi 物相存在[25]。研究表明，Co 的加入可以促进 SiC_xO_y 物相分解形成游离碳质晶粒，使碳晶粒排列规整，甚至形成连续导电层。SiC 中的碳层越连续，导电性越好，介电损耗越高，吸波性能越好。同一课题组还将羰基铁和液态聚碳硅烷反应生成的铁溶胶与固态聚碳硅烷（PCS）混合，制备出不同 Fe 质量分数的 PCS 先驱体，然后经氧化交联和高温热解制备了不同 Fe 质量分数的磁性 SiC 陶瓷（Fe/SiC），系统地研究了 Fe 元素的引入对 SiC 陶瓷的组成、结构、磁性能和介电性能的影响规律[26]。研究发现，当 Fe 质量分数小于 8.94% 时，热解过程中 Fe 元素可以显著促进 SiC_xO_y 的分解，生成 β-SiC。随着 Fe 质量分数的增加，β-SiC 的结晶峰越来越强；当 Fe 质量分数增加到 11.78% 时，主要生成 Fe_3Si。这种 Fe/SiC 陶瓷呈铁磁性，其饱和磁化强度随 Fe 质量分数的增加而呈指数形式增加。当 Fe 质量分数为 4.19% 时，Fe/SiC 陶瓷在 12.4GHz 具有最小的反射损耗，为 −9.4dB，同时低于 −5dB 的带宽为 2.4GHz。当 Fe 质量分数为 8.94% 时，低于 −5dB 的带宽则增加到 3.7GHz。

SiC 中掺入金属可提高其微波吸收性能。但是，SiC 一般用作高温吸波材料，在高温下这些金属组分是否会和 SiC 发生进一步的反应，高温下其吸波性能是否发生变化，则还有待进一步的研究。

6.5 SiC 复合材料的吸波性能

从文献报道中可以知道，耐高温吸波材料主要是 SiC 的复合材料。由聚碳硅烷热解得到的 SiC，其中往往含有一定量的游离碳。这些游离碳的存在有利于提高 SiC 的导电性，进而提高其吸波性能。另外，由于炭黑也具有较好的微波吸收性能，因此关于 C/SiC 复合材料吸波性能的研究相对较多。

西安高新技术研究所研究人员采用机械研磨方法制备了不同比例的炭黑和 SiC 的复合物，测试了其微波吸收性能[27]。复合物中，炭黑颗粒直径约 18nm，SiC 直径在 80～100nm 之间。他们将复合物添加到环氧树脂中，涂板测试其吸波性能，发现 SiC 含量为 50%（质量分数）、炭黑含量为 5%（质量分数）时，吸波性能最佳。涂层厚度为 2mm 时，最小反射率可达 −41dB，反射率小于 −10dB 的波宽约 6GHz。

周泽华课题组以 β-SiC 微粉（约 0.6μm）和石墨粉为原料，以 Al_2O_3（粒径约 0.7μm）和 Y_2O_3（粒径约 5.6μm）为助剂，采用高温（1800℃）烧结法制备了碳含量为 3%（质量分数）的 SiC/C 复合材料，发现这种复合材料在整个 X 波段都具有非常高的反射衰减，如图 6-10 所示[28]。

蒋月等人先用氧化石墨烯对 SiC 晶须进行包覆，然后进行碳热还原，得到海绵状的石墨烯@SiC 复合物，发现这种材料具有较好的微波吸收性能[29]。试样厚度为 3mm 时，在 10.52GHz 处最小反射率达 −47.3dB，反射率小于 −10dB 的有效吸收带宽约 4.7GHz。值得指出的是，这种材料具有非常低的密度（72mg/cm³）。碳纳米管与 SiC 形成的复合结构也有利于提高材料的微波吸收性能[30]。

除了碳以外，SiC 也可以与其他陶瓷材料形成具有吸波功能的 SiC 陶瓷复合材料。罗发等人将 SiC 和 LAS 玻璃粉（烧结原料为 SiO_2、Al_2O_3 和 Li_2CO_3）先在丙酮中超声分散均匀，干燥后进行热压烧结，制成复合吸波材料[31]。研究发

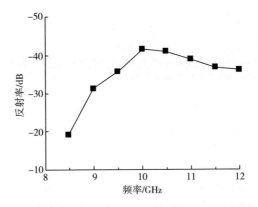

图 6-10　含碳量 3%（质量分数）的 SiC/C 复合材料的吸波性能[28]

现，复合材料中由于形成了碳界面层，材料的吸波性能得到显著提高。尹晓伟等人将 SiC 渗透到氧化钇稳定的氧化锆毡中形成复合材料，发现这种复合材料具有较好的微波吸收性能[32]。

笔者课题组制备了一种碳纳米管（CNTs）、Ni、SiC 的三元复合物，具有较好的微波吸收性能[33]。这种材料的制备过程大致如下：先在高比表面积 SiC 上沉积一定量的 NiO，得到 NiO/SiC；然后以这种 NiO/SiC 为催化剂在一定温度下裂解甲烷，在催化剂上原位生长 CNTs，得到 CNTs-Ni/SiC 复合材料。研究发现，镍负载量为 7.5%、裂解甲烷温度为 700℃ 时，制得的材料吸波性能最好。当材料厚度为 1.9mm 时，在 14.5GHz 处的反射损失值低于 −37.6dB；当厚度为 2mm 时，在 12.4～17.5GHz 频率范围内（5.1GHz 频带宽度）的反射损失在 −10dB 以下。采用 SiC 负载的 Co 为催化剂裂解甲烷，也可以得到具有较好微波吸收性能的三元复合材料[34]。

SiC 和导电聚合物，如聚苯胺（PANI）等形成的复合材料也受到人们的广泛关注。例如，李莎等采用乳液聚合法制备了 PANI/SiC 复合材料，通过对 SiC 和 PANI/SiC 复合材料在 26.5～40GHz 频段范围内电磁参数的测试发现，复合材料复介电常数的实部和虚部值、复磁导率的虚部值以及介电损耗角正切值与磁导率正切值均有一定程度的提高。通过模拟计算发现，当涂层厚度为 0.9mm 时，与单一碳化硅吸收剂相比，PANI/SiC 复合材料在 38.6GHz 处的最大反射损耗值增大了 3 倍，且反射损耗小于 −10dB 的带宽达到 6.2GHz[35]。PANI/SiC 复合材料，不仅电磁波吸收效率得到了明显提高，而且材料密度显著降低，为进一步设计高性能"薄、轻、宽、强"吸波材料提供了一条可借鉴的方案。

从前面的介绍可以看出，β-SiC 是制备多波段吸波材料的主要组成部分。以高比表面积 SiC 为主要吸收剂，并与其功能性材料进行复合，可望得到轻质、高强的耐高温吸波材料。

参考文献

[1]刘元军,赵晓明,李卫斌.吸波材料研究进展.成都纺织高等专科学校学报,2015,32(3):23-29.

[2]谢松.碳化硅基复合材料吸波性能的研究.北京:中国科学院大学,2014.

[3]谢根生,姜勇刚,刘旭光,王应德.具备雷达吸波功能的碳化硅纤维的研究进展.有机硅材料,2006,20(3):144-148.

[4]李华展.碳化硅纤维/环氧树脂复合材料的制备及吸波性能研究.厦门:厦门大学,2015.

[5]Wang Y,Du Y C,Xu P,Qiang R,Han X J.Recent advances in conjugated polymer-based microwave mb-sorbing materials.Polymers,2017,9(1):29.

[6]刘顺华,刘军民,董星龙.电磁波屏蔽及吸波材料.北京:化学工业出版社,2006.

[7]李智敏,杜红亮,罗发,苏晓磊,周万城.碳化硅高温吸收剂的研究现状.稀有金属材料与工程,2007,36(增刊3):94-99.

[8]朱新文,江东亮,谭寿洪.碳化硅网眼多孔陶瓷的微波吸收特性.无机材料学报,2002,17(6):1152-1156.

[9]Zhang H T,Zhang J S,Zhang H Y.Electromagnetic properties of silicon carbide foams and their composites with silicon dioxide as matrix in X-band.Composites:Part A,2007,38:602-608.

[10]Liu Z T,Kirihara S,Miyamoto Y.Microwave absorption in photonic crystals composed of SiC/resin with a diamond structure.J Am Ceram Soc,2006,89(8):2492-2495.

[11]Su X L,Xu J,Li Z M,Wang J B,He X H,Fu C,Zhou W C.A method to adjust dielectric property of SiC powder in the GHz range.J Mater Sci Technol,2011,27(5):421-425.

[12]Yang H J,Yuan J,Li Y,Hou Z L,Jin H B,Fang X Y,Cao M S.Silicon carbide powders:Temperature-dependent dielectric properties and enhanced microwave absorption at gigahertz range.Solid State Commun,2013,163:1-6.

[13]Li Q,Yin X W,Duan W Y,Kong L,Hao B L,Ye F.Electrical,dielectric and microwave-absorption properties of polymer derived SiC ceramics in X band.J Alloys Compd,2013,565:66-72.

[14]Zhang B,Li J B,Sun J J,Zhang S X,Zhai H Z,Du Z W.Nanometer silicon carbide powder synthesis and its dielectric behavior in the GHz range.J Euro Ceram Soc,2002,22:93-99.

[15]孟帅.纳米碳化硅的制备、表征及应用.北京:中国科学院大学,2014.

[16]Meng S,Jin G Q,Wang Y Y,Guo X Y.Tailoring and application of SiC nanowires in composites.Mater Sci Eng A,2010,527:5761-5765.

[17]Wang Y C,Xiao P,Zhou W,Luo H,Li Z,Chen W B,Li Y.Microstructures,dielectric response and microwave absorption properties of polycarbosilane derived SiC powders.Ceram Int,2018,44:3606-3613.

[18]Wei J,Zhang Q,Zhao L L,Nie Z B,Hao L.Microwave absorption properties of uniform ultra-long SiC nanowires.J Nanosci Nanotechnol,2018,18:1224-1231.

[19]Zhao D L,Luo F,Zhou W C.Microwave absorbing property and complex permittivity of nano SiC particles doped with nitrogen.J Alloys Compd,2010,490:190-194.

[20]Li Z M,Zhou W C,Su X L,Huang Y X,Li G F,Wang Y P.Dielectric property of aluminum-doped SiC powder by solid-state reaction.J Am Ceram Soc,2009,92(9):2116-2118.

[21]Suzuki M,Hasegawa Y,Aizawa M,Nakata Y,Okutani T.Characterization of silicon carbide-silicon nitride composite ultrafine particles synthesized using a CO_2 laser by silicon-29 magic angle spinning NMR and ESR.J Am Ceram Soc,1995,78(1):83-89.

[22]Chen J H,Liu M,Yang T,Zhai F M,Hou X M,Chou K C.Improved microwave absorption performance

of modified SiC in the 2～18GHz frequency range.CrystEngComm,2017,19:519-527.

[23]陈志彦,王军,李效东,李文芳.连续含铁碳化硅纤维及其结构吸波材料的研制.复合材料学报,2007,24(5):72-76.

[24]Jin H B,Li D,Cao M S,Dou Y K.Microwave absorption properties of Ni-doped SiC powders in the 2～18 GHz frequency range.Chin Phys Lett,2011,28(3):037701.

[25]丁绍楠.碳化硅吸波性能改性的研究.厦门:厦门大学,2015.

[26]刘星煜,胡志明,吴鹏飞,董喜超,郭长青,苏智明,刘安华.掺铁碳化硅陶瓷的制备及其吸波性能.应用化学,2018,35(2):224-231.

[27]Liu X X,Zhang Z Y,Wu Y P.Absorption properties of carbon black/silicon carbide microwave absorbers.Composites:Part B,2011,42:326-329.

[28]Zhou Z H,Wang Z H,Yi Y,Jiang S Q,Wang G.Microwave absorption and mechanical properties of β-SiC-C structure-function composites prepared by liquid phase sintering.Mater Lett,2013,112:66-68.

[29]Jiang Y,Chen Y,Liu Y J,Sui G X.Lightweight spongy bone-like graphene@SiC aerogel composites for highperformance microwave absorption.Chem Eng J,2018,337:522-531.

[30]Bi S,Ma L,Mei B,Tian Q,Liu C H,Zhong C R,Xiao Y D.Silicon carbide/carbon nanotube heterostructures:Controllable synthesis,dielectric properties and microwave absorption.Adv Powder Technol,2014,25:1273-1279.

[31]罗发,周万城,焦桓,赵东林.SiC(N)/LAS吸波材料吸波性能研究.无机材料学报,2003,18(3):580-584.

[32]Yin X W,Xue Y Y,Zhang L T,Cheng L F.Dielectric,electromagnetic absorption and interference shielding properties of porous yttria-stabilized zirconia/silicon carbide composites.Ceram Int,2012,38:2421-2427.

[33]Xie S,Jin G Q,Meng S,Wang Y W,Qin Y,Guo X Y.Microwave absorption properties of in situ grown CNTs/SiC composites.J Alloys Compd,2012,520:295-300.

[34]Xie S,Guo X N,Jin G Q,Guo X Y.Carbon coated Co-SiC nanocomposite with high-performance microwave absorption.Phys Chem Chem Phys,2013,15:16104-16110.

[35]李莎.聚苯胺修饰碳化硅复合材料的制备、表征及吸波性能研究.重庆:重庆大学,2013.